# Bibliothèque Populaire,

## ou

# L'INSTRUCTION

## MISE A LA PORTÉE DE TOUTES LES CLASSES ET DE TOUTES LES INTELLIGENCES.

PAR MM. ARAGO, AUBERT DU VITRY, ALEX. BARBIÉ DU BOCAGE, E. DU ..., BOBLAYE, TH. BURETTE, J.-P. DE BÉRAN..., S. BÉRARD, L. BERGERON, F. BOISSARD, ALEX. DE LA BORDE, H. BOULAY DE LA MEURTHE, BORY DE SAINT-VINCENT, BRESCHET, BRIERRE DE BOISMONT, BUCHON, CHANUT, A. CHEVALIER, F. CUVIER, P.-J. DAVID, D'ARCET, DARTHENAY, B. DUCHÂTELET, FAZY, FERDINAND DENIS, DE GÉRANDO, DROUINEAU, CH. DUPIN, FRANÇAIS DE NANTES, GALLE, GASC, GAY-LUSSAC, GEOFFROY-SAINT-HILAIRE, HUZARD, JOMARD, DE JOUY, ADRIEN ET LAURENT DE JUSSIEU, LAS-CASES, DOMINIQUE ET VICTOR LENOIR, FRANCISQUE MICHEL, DE MIRBEL, PH. LAURENT, ORFILA, PAULIN PARIS, VAL. PARISOT, PIROLLE, DE PRONY, RÉAL, SAINTE-BEUVE, VILLERMÉ, DOUCHEZ, ESTÈVE DEVILLE, A. BOIME-SIMON, TOURRÉIL.

### ET

# AJASSON DE GRANDSAGNÉ,

### CHARGÉ DE LA DIRECTION.

# NOMS DES FONDATEURS.

MM.

Le marquis *Aguado*, fondateur principal.
*Ajasson de Grandsagne.*
*Aubertot* père ( de Vierzon ).
*Baring.*
Le duc de *Bassano.*
*Beaunier.*
S. *Bérard.*
Le général *Bertrand.*
H. *Boulay* ( de la Meurthe ).
*Boullay.*
*Caignet.*
*De Châteaugiron.*
Marquis de *Chaulet.*
Le duc de *Choiseul.*
Le maréchal *Clauzel.*
*Collot.*
*D'Arcet.*
P.-J. *David.*
Amb.-Firmin *Didot.*
Le général *Drouot.*
*Duriez.*
*Duris-Dufresne.*
*Ferrère-Laffite.*
*Français* (de Nantes).

MM.

*Galle* aîné.
*Ganneron.*
*Gasc*, off. de l'Université.
*Gay-Lussac.*
Le général *Gourgaud.*
D$^r$ *Herpin.*
*Jomard.*
Le baron *De Ladoucette.*
J.-B. *Laffite.*
*Lemaire* aîné.
Dominique *Lenoir.*
*Letellier.*
Le duc de *Lancourt.*
*Mathieu Dumas.*
*Odiot* père.
*Panckoucke.*
Le comte de *Prony,*
Le comte *Réal.*
Le comte A. de *Richebourg.*
Le comte *De La Rochefoucault.*
Lord *Seymour.*
C.-A. *Tessier. d'Altroff.*
A. *Vigier.*
Mlle *Juliette De Villeneufve.*

# TRAITÉ ÉLÉMENTAIRE

## DE

# MÉCANIQUE,

EXTRAIT DES OUVRAGES DE MM. CHRISTIAN, FRANCOEUR, HACHETTE, POINSOT, POISSON, ETC.

PAR M. AUGUSTE CHEVALIER,
ANCIEN ÉLÈVE DE L'ÉCOLE NORMALE.

Paris,

RUE ET PLACE ST-ANDRÉ-DES-ARTS, Nº 3o.

1833.

PARIS.—IMP. DE FÉLIX LOCQUIN,
16, rue N.-D.-des-Victoires.

# MÉCANIQUE ÉLÉMENTAIRE.



Il existe trois grandes divisions dans les *corps* de la nature. Ils sont *solides, liquides* ou *gazeux*. On comprend les corps liquïdes et gazeux sous la dénomination générale de *fluides*. Tous les corps sont formés par une réunion de parties infiniment petites qu'on appelle *molécules* ou *atomes*.

Les corps *solides* sont ceux dont les molécules sont fortement uries entre elles, et ne peuvent être séparées que par un effort plus ou moins vigoureux. tels sont le bois, le fer, etc.

Les corps *liquides*, comme l'eau, le vin, etc., sont ceux dont les molécules roulent facilement les unes autour des autres, et n'exigent pas d'effort sensible pour être séparées.

Les corps *gazeux* sont ceux dont les molécules tendent sans cesse à remplir un plus grand espace, comme l'*air*. On les appelle pour cette raison *fluides élastiques*.

L'*espace* est une étendue considérée comme sans bornes, immobile et pénétrable à la matière. C'est à cet espace, réel ou idéal, qu'on rapporte par la pensée la position des corps.

Le *mouvement* est l'état d'un corps qui occupe successivement différens points de l'espace.

Le *repos*, au contraire, est l'état d'un corps qui reste toujours à la même distance de divers points immobiles de l'espace.

Un corps en repos ne peut se donner aucun mouvement, puisqu'il ne renferme pas en lui de raison pour se mouvoir dans un sens plutôt que dans un autre. La cause qui change l'état d'un corps, en le faisant passer ainsi du repos au mouvement, est ce qu'on appelle *force* ou *puissance*. Nous rencontrons à chaque instant l'occasion de remarquer cette action singulière : les attractions, les chocs, la chute des corps produite par la pesanteur, les corps qui sont entraînés par le courant d'un fleuve, la poussière emportée par les vents, et le boulet chassé du canon par

la poudre énflammée, en sont autant
d'exémples.

Il n'est guère d'efforts qu'on n'ait
tentés pour découvrir la nature intime
des forces ; mais, ils ont tous été inutiles
et nous ignorons complétement la cause
de cette modification singulière, en
vertu de laquelle la matière devient pour
ainsi dire animée. Mais heureusement
les principes de la mécanique ne sont
nullement intéressés à cette découverte
de l'essence des choses, et nous pouvons
y renoncer sans regret. Les forces ne
nous importent que par les mouvemens
qu'elles sont capables de produire ;
leurs effets et les lois de leur action
sont les seules choses que la mécanique
envisage et calcule. Pour pouvoir les
calculer, on les représente par des lignes
dont les grandeurs sont en rapport avec
les valeurs des forces.

La *loi d'inertie* est le fondement de
la mécanique. Cette loi consiste en ce
que « tous les corps, soit en repos, soit
» en mouvement, doivent être consi-
» dérés comme persévérant dans cet
» état de repos ou de mouvement tant

» qu'aucune cause étrangère ne vient les
» influencer. » Ainsi, lorsque nous lançons une pierre dans l'air, la pierre
continuerait de se mouvoir éternelle-
ment en ligne droite, en vertu de
l'inertie, sans le frottement de l'air et
la pesanteur. Le plus majestueux exemple de la loi d'inertie nous est offert
par les corps célestes, dont les mouvemens résultant d'une impulsion primitive et d'une attraction vers un centre, n'ont éprouvé aucune altération
appréciable depuis les observations as-
tronomiques les plus reculées.

Lorsque les forces qui agissent sur
un corps n'y produisent pas le mouvement, on exprime cet état de repos en
disant que le corps est en *équilibre*.
C'est visiblement ce qui a lieu quand
deux forces égales et opposées agissent
sur un même corps. Comme il convient
de procéder dans l'étude, du simple au
composé, et que les questions de mouvement peuvent être facilitées par celles
moins compliquées de l'équilibre, on
doit traiter d'abord de ces dernières. Tel
est le but de la *statique* (qui vient du

mot latin *stare*, être arrêté, être en repos). Elle s'occupe des relations qui doivent exister entre les directions et les grandeurs des forces appliquées à un corps, à une machine, pour que ces forces laissent ce corps ou cette machine en équilibre; d'où l'on conclut facilement les forces qu'il faut appliquer pour que le corps ou la machine se meuve dans un sens ou dans un autre. La *statique* ne s'occupe que de l'équilibre des corps solides.

Lorsqu'on passe de l'équilibre des corps solides à leur mouvement, on est en *dynamique* (qui vient du mot grec dynamis, lequel signifie *puissance, force*).

Les deux divisions précédentes forment le domaine de la *mécanique* proprement dite.

Lorsqu'au lieu de considérer les corps solides, on s'occupe des *fluides;* on passe à l'*hydrostatique*, si l'on s'occupe de leur équilibre, et en hydrodynamique si l'on considère ces fluides en mouvement. L'*hydraulique* (1) est l'applica-

(1) Le nom d'*hydraules* (qui vient de deux mots grecs dont l'un signifie *eau* et l'autre *tuyau, flûte*),

tion de l'hydrodynamique à l'art de conduire les eaux dans les tuyaux.

En écrivant ce petit Traité que nous présentons au public, nous avons eu soin d'écarter tout raisonnement qui exigerait une tension d'esprit trop forte, et jetterait de l'obscurité dans l'exposition des principes par sa difficulté à être compris. Nos lecteurs cependant ne doivent pas penser qu'ils puissent sans aucune application se graver profondément dans la mémoire, et même saisir de prime abord les principes d'une science naturellement difficile. Nous les engageons donc à revenir plusieurs fois à ce petit Traité, d'en entremêler la lecture, ou plutôt de la faire précéder de celle des voulumes qui traitent de la *Théorie des calculs*, de l'*arithmétique*, de la *géométrie*, de la *physique*, etc.

était donné chez les anciens aux joueurs d'instrumens *hydrauliques*, c'est-à-dire dans lesquels l'eau était employée à la production des sons. Dans les temps modernes, on a donné le nom d'*hydraulique* à l'art de conduire les eaux. Enfin, d'Alembert a défini l'hydraulique la science du mouvement et de la résistance des fluides. AJ. DE GR.

# TRAITÉ ÉLÉMENTAIRE
# DE MÉCANIQUE.

## LIVRE PREMIER.

### STATIQUE.

## CHAPITRE Ier.

### COMPOSITION ET DÉCOMPOSITION DES FORCES.

Considérons le cas où les forces sont appliquées en un même point d'un corps. On dit que l'on *compose* ces forces lorsqu'on les remplace toutes par une seule force équivalente, qui s'appelle *résultante*, parce qu'elle *résulte* en effet de la réunion de plusieurs forces.

Pour simplifier les problèmes que l'on résout en statique, on suppose d'abord que les forces exercent leur action sur des molécules ou points matériels.

Lorsqu'un point matériel est sollicité par deux forces égales, dirigées suivant la même ligne droite et agissant dans le même sens, leur résultante est égale évidemment à la somme des deux forces, tel serait le cas des forces de deux hommes également vigoureux, et tirant, dans le même sens, un corps à l'aide d'une corde; si les deux forces étaient dirigées en sens contraire, leur résultante serait nulle et le point serait en équilibre, comme le corps en question si les deux hommes le tiraient en sens contraire. Lorsque plusieurs forces sont dirigées en ligne droite et agissent dans le même sens, la résultante est donc égale à leur somme; si elles agissent en sens contraire, la résultante est égale à la différence des forces qui agissent dans un sens et des forces qui agissent dans l'autre.

Lorsque les forces cessent d'agir suivant la même direction, mais font entre elles un certain angle, elles impriment au corps mobile une direction intermédiaire que nous allons déterminer. Supposons (*fig.* 1.re) que le point matériel M soit une boule poussée d'un côté, par une force qui lui ferait parcourir l'espace MP, et, de l'autre, par une force qui lui ferait parcourir l'espace MQ, le point M ne marchera ni en suivant la ligne MP ni en suivant la ligne MQ, mais bien en parcourant la diagonale MS du parallélogramme que l'on construit en menant les lignes PS, QS, parallèles aux directions des deux forces.

Ceci connu, il devient facile de réduire à une seule, un nombre quelconque de forces appliquées en un même point; car les deux premières forces étant composées donnent une résultante que l'on compose avec une troisième force, de sorte que déjà trois forces se trouvent réduites à une seule : cette dernière composée avec une quatrième, diminue encore d'*un* le nombre des forces, et ainsi de suite. Tel serait le cas des forces MP, MQ qui donnent la résultante MK qui, composée elle-même avec MR, donne pour résultante définitive MZ (*fig.* 2).

Lorsqu'on sait composer les forces qui agissent sur un même point, il devient facile de les décomposer chacune en deux forces. Pour cela il n'y a qu'à construire sur chacune, considérée comme diagonale, un parallélogramme, et les deux côtés représenteront en intensité les forces qui remplacent la force diagonale. Les deux forces ainsi équivalentes à la résultante diagonale s'appellent *composantes*, telles sont MP, MQ (*fig.* 1).

### DES FORCES PARALLÈLES.

Nous allons examiner maintenant le cas des forces parallèles appliquées aux différens points d'un corps, voir comment on peut les remplacer par une force unique appliquée en un seul point du corps, et dire les circonstances où cela est impossible.

Supposons (*fig.* 3) deux points M, M' dans un corps de forme quelconque, sollicités par deux forces parallèles représentées en intensité par les lignes MP, M'P' ; le cas le plus simple à examiner est celui où les deux forces sont égales ; alors il est clair qu'on peut les remplacer par une force *résultante* égale à leur somme, parallèle à leur direction, et placée au milieu *O* de la ligne qui joint les deux points M et M'.

Si les deux forces ne sont pas égales, mais toujours dirigées dans le même sens , la résultante ne cesse pas d'être égale à la somme. Le point d'application de la résultante change à mesure que l'une des forces varie par rapport à l'autre; ainsi, par exemple, si la force M'P' (*fig.* 4) devient moitié de la force MP, le point d'application de la résultante se rapproche du point M, et n'en est plus distant que du tiers de la longueur MM'. Le principe qui règle ces distances est déduit du raisonnement, et s'énonce ainsi :

« La résultante de deux forces parallèles est égale à leur somme , leur est parallèle, et divise la droite qui joint les points d'application des forces en deux parties réciproquement proportionnelles à ces forces. »

Ce principe s'applique au cas où les forces parallèles seraient dirigées en sens contraire (*fig.* 5), avec cette modification que la résultante n'est plus égale à la somme, mais bien à la différence des deux forces ou composantes. Le point d'application se trouve hors de la ligne qui joint les points d'application des composantes, et se détermine par la même règle que celle énoncée tout à l'heure.

Si les deux forces parallèles sont égales et

dirigées en sens contraire, elles forment ce qu'on appelle un *couple*; elles n'ont pas de résultante, et il n'y a pas d'équilibre possible entre les forces dans cette position. Elles feront tourner le corps jusqu'à ce que le couple se développe, c'est-à-dire que les forces prennent une position telle que la ligne qui joint les points d'application se confonde en une seule et même ligne avec leur direction; alors seulement elles se feront équilibre, car elles seront égales et dirigées en sens contraire.

Maintenant que nous savons trouver la résultante de deux forces parallèles dans tous les cas possibles, nous pouvons en composer un nombre quelconque.

Si toutes les forces sont parallèles et dirigées dans le même sens, on composera d'abord deux forces, ensuite là résultante trouvée avec une autre force, et ainsi de suite; la résultante définitive sera parallèle à la direction commune.

Si une partie des forces agit dans un sens, et une autre partie en sens contraire; on cherchera la résultante particulière à chaque groupe; on verra si ces résultantes sont égales ou inégales. Dans le premier cas, il n'y aura pas de résultante unique; dans le second, elle sera égale à la différence des deux résultantes particulières; le point d'application s'en trouvera par la règle indiquée plus haut. Le système de points sollicité par ces forces sera maintenu en équilibre par

l'application d'une force égale et dirigée en
sens opposé.

## CHAPITRE II.

### DE LA PESANTEUR ET DU CENTRE DE GRAVITÉ.

L'expérience journalière nous apprend
que les corps abandonnés à eux - mêmes
éprouvent des efforts dirigés vers le centre
de la terre : cette direction se nomme *verticale* ; c'est celle que prend un corps suspendu par un fil et qui n'est arrêté par aucun obstacle On appelle *plan horizontal* celui qui est perpendiculaire à la ligne verticale.
Non-seulement tous les corps sont soumis à
l'action de la pesanteur, mais leurs parties
les plus intimes y sont séparément sujettes.
Ainsi, les portions quelconques d'un corps
divisé tombent isolément si aucun effort ne
les arrête ; on voit même que chacune de ces
parties arrive à la surface de la terre dans le
même temps qu'emploierait le corps entier.
Si les choses nous paraissent se passer différemment, cela tient à la résistance de l'air :
ainsi, une feuille d'or étendue tombe moins
vite que quand elle est roulée en boule ;
parce que l'air oppose un plus grand obstacle à la feuille qu'à la petite boule, bien que
le poids soit le même dans les deux cas.
Mais les surfaces sont différentes. Dans un
long tube où l'on a fait le vide, le plomb

et la barbe de plume la plus légère mettent
le même temps à descendre.

Cette tendance est due à une puissance qu'on
a appelée du nom de *gravité* ou *pesanteur*. La
pesanteur est donc une force, dont l'action
s'exerce continuellement et séparément sur
toutes les molécules de la matière : cette action n'est point comme celle des attractions
chimiques, dont l'intensité varie pour les diverses substances ; celle de la pesanteur est
la même sur toutes les molécules, et quelle
que soit la nature des corps sur lesquels elle
agit. On donne le nom de *poids* à la résultante de toutes les actions de la gravité sur les
diverses molécules d'un corps. On ne doit
pas confondre la pesanteur avec le poids,
puisque la pesanteur est la force qui imprime
des impulsions égales aux diverses particules des corps, tandis que le poids est l'ensemble, la réunion de toutes ces impulsions.

On appelle *masse* d'un corps la quantité
absolue de matière dont il est composé : et il
faut bien distinguer la masse d'un corps de
son volume, c'est-à-dire de l'espace géomé-
trique renfermé par sa surface ; car l'expérience nous a appris que tous les corps sont
criblés en tous sens d'une infinité de trous
ou pores dont la grandeur varie pour chaque
corps ; ils ont donc des quantités de matières
bien différentes sous des volumes égaux :
c'est ce qui fait que tous les corps n'ont pas
le même poids, quoiqu'ils soient tous sollicités par la même force. Comme la gravité

n'exerce son action que sur la partie maté-
rielle des corps , et qu'elle a la même intensité pour tous , il s'ensuit que si la masse
devient double, le poids devient double, ou
en d'autres termes que *le poids est proportionnel à la masse*. L'on voit que le poids
dépend de la masse des corps , tandis que la
pesanteur en est indépendante, puisque chaque molécule du corps est attirée comme si
elle était seule , et indépendante du nombre
plus ou moins grand de celles qui constituent
la masse du corps.

On a nommé *densité* d'un corps le rapport
de la masse à son volume ; de sorte qu'on dit
qu'une substance est plus dense qu'une autre
lorsqu'elle a plus de masse sous un volume
égal. Si on avait une substance qui n'eût
point de pores, sa densité serait la plus grande
possible , et en lui comparant la densité des
autres corps , on aurait la quantité de matière qu'ils renferment ; mais ne connaissant
point de substances semblables , nous ne
pouvons avoir que les densités relatives des
corps , c'est-à-dire le rapport de leur densité à celle d'une substance donnée. Cette
dernière substance est l'eau prise à $+ 4°$ environ de chaleur, lorsqu'on veut avoir les densités des solides ou des liquides. Quant aux
densités des gaz, c'est l'air pris à zéro et sous
la pression de $0^m, 76$ cent. qui sert de terme
de comparaison.

Lorsque les corps obéissent à l'action de
la gravité , les prolongemens des verticales

décrites par leurs molécules vont se joindre au centre de la terre. Ainsi, deux fils à plomb absolument parlant, ne sont pas des lignes rigoureusement parallèles. Mais comme de tous les corps qui sont à notre disposition, il n'en est aucun dont le volume soit assez considérable pour que ses dimensions soient comparables au rayon de la terre, dont la longueur est égale à 1500 lieues environ, on peut regarder les verticales comme des droites parallèles dans un espace de peu d'étendue. Ainsi les actions de la pesanteur peuvent être considérées comme celles de forces parallèles appliquées aux diverses molécules des corps.

Pour faire saisir ce qu'on entend par *centre de gravité*, disons un mot du *centre des forces parallèles*. Pour cela, supposons qu'on ait déterminé le point d'application de la résultante d'un certain nombre de forces parallèles; si toutes ces forces sans changer de valeur, d'intensité, et sans cesser d'être parallèles, prennent ensemble une autre direction, comme on le voit (*fig*. 6), leur résultante conservera la même grandeur; seulement la direction dans l'espace en sera changée et représentée par les lignes ponctuées : elle traversera le corps suivant une autre ligne droite. On prouve au moyen du calcul algébrique, que cette résultante et toutes celles que l'on peut obtenir en faisant ainsi varier la direction des forces parallèles, ont pour point d'application le *même point* que la première résultante. Ce point remarquable s'appelle *centre* des forces parallèles. Il est clair que si l'on fixe ce point, le corps sera maintenu en équilibre, car l'effort de la *résultante* qui remplace toutes les autres forces sera annulé par là même.

Ce que nous venons de dire s'applique immédiatement à l'action de la pesanteur. Les efforts partiels qu'elle exerce sur les molécules des corps sont des forces parallèles, dont le centre s'appelle *centre de gravité* ou *d'inertie*.

Lorsque ce point est soutenu, le corps ne peut tomber ; il est en équilibre dans toutes les positions possibles.

Si l'on suspend un corps avec un fil dont on maintient l'extrémité supérieure, le corps prendra la position d'équilibre, c'est-à-dire que son poids sera comme détruit par la résistance du fil. La direction de ce dernier sera donc la verticale ; en un mot on aura ce qu'on appelle un *fil à plomb*. Il sert à une infinité d'usages ; à s'assurer de la verticalité d'un mur, à déterminer le centre de gravité d'un corps, etc. Pour cette dernière détermination, on suspend successivement le corps par deux points différens, et l'on maintient ainsi l'équilibre du corps à deux reprises diverses ; il est visible que la prolongation du fil de suspension à travers le corps, dans chaque expérience, fait connaître ce point, car l'équilibre ne peut être établi sans que le fil passe par le centre de gravité. Ce dernier

est donc le point de concours des deux directions du fil. Ainsi, prenez un triangle, suspendez-le d'abord par l'angle A (*fig.* 7), le
centre de gravité se trouvera nécessairement
sur le prolongement du fil de suspension:
puis suspendez-le par l'angle B, prolongez
par une ligne le fil de suspension, le centre
de gravité se trouvera aussi sur cette seconde
ligne : il se trouvera donc au point C, inter-
section des traces des deux lignes de suspension, etc.

La position du centre de gravité dans les
corps *homogènes*, c'est-à-dire dont toutes les
parties sont de même nature, ne dépend que
de leur forme : par exemple dans une boule
homogène, comme une boule d'ivoire, ou
d'or ou d'argent, etc., le centre de gravité se
confond avec le centre de la boule : on dit
alors qu'il se confond avec le centre de figure.

Dans les corps *hétérogènes*, c'est-à-dire
composés de parties matérielles différentes,
la position du centre de gravité dépend de la
distribution de la matière. Par exemple, le
centre de gravité d'un aréomètre, ou pèse-
liqueur, se trouve dans la partie inférieure,
parce que cet instrument est en général formé
d'un tube de verre dont la partie inférieure
est remplie de mercure ou de plomb de chasse,
qui sont beaucoup plus denses que le verre.
Dans un navire encore, le centre de gravité
se trouve bas placé, parce qu'on a soin
de mettre à *fond de cale* les marchaudises

ou les munitions lourdes, comme artillerie, projectiles; souvent même afin d'augmenter le poids de la cale, on la charge de pierres : cela est indispensable pour que le navire ne se renverse pas.

Pour qu'un corps suspendu soit en équilibre *stable*, il faut que le centre de gravité soit au-dessous du point fixe où le corps s'appuie ; car lorsqu'on écarte le corps de sa position, il tend toujours à y revenir. Au contraire, si le centre de gravité se trouve au-dessus du point fixe, l'équilibre est *instable*. Supposons, par exemple, qu'une boule de plomb B (*fig.* 8) soit attachée à une tige de fer F B, que le point F soit fixe; comme, par exemple, un clou attaché à un mur : si l'on parvient à maintenir la boule au-dessus du point fixe, elle sera dans un équilibre *instable*, car pour peu qu'on la dérange de cette position elle n'y reviendra pas, et tombera au-dessous du point fixe pour prendre la position FB', qui est la seule convenable à l'équilibre stable.

La solidité de position d'un corps dépend de la manière dont le centre de gravité est soutenu. Ce corps, posé sur un plan horizontal, est en équilibre si la verticale qui passe par le centre de gravité rencontre le plan par un des points sur lesquels le corps pose, ou dans l'espace que ces points embrassent. Ainsi un homme ne se soutient bien qu'autant que la verticale passant par son centre de gravité (lequel se trouve à peu près

dans le milieu du bassin) tombe dans l'espace
quadrangulaire compris entre les contours
extérieurs de ses deux pieds (*fig.* 9) : tous les
mouvemens que fait l'homme , près de tomber, tendent toujours à le remettre dans cette
position, la seule convenable à son équilibre.
L'art du danseur de corde est fondé sur la
théorie des centres de gravité; son balancier
lui sert à ramener constamment son centre
de gravité entre ses deux pieds. La manière
d'assurer la stabilité des hautes voitures se
rapporte encore à la théorie du centre de
gravité. Il faut que la verticale qui passe par
le centre de gravité de la voiture rencontre
toujours l'espace compris entre les roues ,
sans quoi la voiture versera. Plus le centre
de gravité est élevé , plus il y a de chances
pour que le cahotage dérange la verticale
passant par le centre de gravité de la position que nous venons d'indiquer; et que par
suite la voiture verse. On voit donc qu'il est
dangereux de trop charger une voiture sur le
haut. Lorsqu'on doit transporter de très-
lourds fardeaux , on les fixe quelquefois au-
dessous d'un chariot avec des chaînes en fer :
cette position de la charge est la moins dan-
gereuse et la moins fatigante pour les chevaux.

## CHAPITRE III.

### DES MACHINES.

On appelle *machine* tout instrument destiné à transmettre l'action d'une force à des corps qui ne se trouvent pas sur sa direction, de manière que cette force meuve ou tende à mouvoir suivant une direction qui ne leur est pas naturelle les corps auxquels elle n'est pas immédiatement appliquée. L'industrie et le besoin ont produit de concert ces inventions mécaniques : on en distingue de *simples* et de *composées*. Il n'y a que trois machines simples : le *plan incliné,* le *levier,* et *le trueil* ou *tour.* Il ne s'agit pour former des machines composées que de réunir en un même système plusieurs machines simples, en les faisant communiquer entre elles. Le but essentiel d'une machine est de changer la grandeur et la direction des forces ; de sorte que tout ce qu'on doit dire des machines n'est qu'une suite d'applications très-simples de principes faciles.

La force dont on dispose dans une machine s'appelle la *puissance ;* la force qu'on veut vaincre, ou à laquelle on veut simplement faire équilibre, est la *résistance.*

La puissance et la résistance ne sont pas opposées directement l'une à l'autre ; car alors il n'y aurait d'équilibre possible que dans le cas de l'égalité des deux forces.

On décompose la résistance à vaincre, de manière qu'une partie de son énergie soit supportée par un ou plusieurs points fixes. Au moyen de cette disposition, des forces très-inégales peuvent se faire équilibre, comme on le verra plus loin.

## DU PLAN INCLINÉ ET DE SES USAGES.

Le plan incliné sert à transporter les fardeaux de l'endroit où ils sont placés à un endroit plus élevé ; par exemple, il sert à
charger un fardeau sur un chariot : il offre
cet avantage que par son moyen on peut
mouvoir le fardeau avec une force beaucoup
moindre que son poids.

S'il s'agit de transporter un tonneau sur un
chariot, on appuie sur le chariot un plan
incliné AC. BC figure le niveau de la terre
(*fig.* 10). Supposons que OP représente le
poids du tonneau, on peut, comme nous savons, décomposer OP en deux forces, ayant
la direction que l'on voudra, mais formant les
deux côtés d'un parallélogramme qui ait OP
pour diagonale ; on prend l'une de ces forces perpendiculaires à AC, et l'autre parallèle à AC. La force perpendiculaire appuyant
sur le plan est détruite par la résistance de
celui-ci ; de sorte que le tonneau n'est plus
sollicité à descendre que par la force parallèle au plan, et la figure seule montre que
cette force est beaucoup plus petite que le
poids total du tonneau. Si l'on applique à ce
dernier un effort égal et opposé à la force parallèle, il sera en équilibre : si l'on augmente
un peu l'effort, le tonneau remontera vers
le chariot.

Le plan incliné sert aussi à décharger les
fardeaux avec lenteur et sans secousse ; on
n'a qu'à modérer l'action de la force paral-

lèle au plan , en retenant un peu le tonneau
avec une corde , de sorte que le décharge-
ment s'opère avec une force beaucoup plus
faible que celle exigée par le chargement : et
dans les deux cas cette force est beaucoup
moins grande que le poids du corps.

## DU LEVIER.

Dans un levier il faut distinguer trois choses : le *point d'appui*, la *puissance* et la *résistance*. Par exemple, supposons qu'un moellon
soit soulevé par une barre de bois AB (*fig. 11*),
de manière que la barre appuie contre terre
au point A , et que la force qui soulève
agisse au point B; A sera le point d'appui, la
force située en B la puissance , et le poids du
moellon la résistance. Les distances du point
où porte le moellon à chaque extrémité de la
barre sont les *bras de levier*. La condition
d'équilibre dans un levier quelconque est
celle-ci : *La puissance et la résistance doivent être entre elles en raison inverse de
leurs bras de levier* ; c'est-à-dire que si le
bras de levier qui correspond à la puissance
est double de celui qui correspond à la résistance , la puissance ne devra être que la moitié de la résistance pour lui faire équilibre ;
elle ne devrait en être que le tiers si son bras
de levier était le triple de celui de la résistance. Enfin, si le bras de levier de la puissance était 10 et celui de la résistance 1, une
livre placée en B ferait équilibre à une résistance de 10 livres placée en C. En effet,

10 (longueur du bras du levier de la puissance) multipliés par 1 (qui est la puissance
même) équivalent à 10 (qui sont la résistance)
multipliés par 1. qui représente la longueur
du bras de levier. Ce qui montre tout de
suite qu'avec une puissance très-faible on
peut vaincre une résistance très-considérable,
pourvu qu'on ait un bon point d'appui et un
bras de levier très-long du côté de la puissance. Ceci explique en même temps ces pa-
roles si connues d'Archimède : « Donnez-moi
un point d'appui , et je soulèverai la terre. »

On distingue trois espèces de levier suivant
les dispositions respectives de l'appui , de la
puissance et de la résistance (*fig.* 12).

Dans les leviers du *premier genre*, le point
d'appui est entre la puissance et la résistance;
tels sont les balances , la romaine , les ci-
seaux.... Dans les leviers du *deuxième genre*,
la résistance est au milieu ; on en trouve des
exemples dans les barres employées à soulever les pierres , dans les rames de bateau
qui trouvent leur appui dans l'eau., etc. Enfin, la puissance est entre l'appui et la résistance dans les leviers du *troisième genre ;* les
pincettes en sont un exemple aussi bien que
nos organes de mouvement.

Les muscles en se raccourcissant rapprochent leurs points d'attache , qui sont voisins des articulations autour desquelles il y
a un mouvement de rotation. L'insertion des
muscles est telle chez tous les animaux, que
l'effort produit pour chaque mouvement du

corps est beaucoup plus grand qu'on ne le
supposerait au premier abord. On a calculé
que la force immédiate du biceps (ou mus-
cle qui relève le bras), dans l'homme équivaut
à trois cents livres ; que celle des muscles
qui font mouvoir la mâchoire inférieure équivaut chez l'homme à cinq cents livres et
qu'elle est bien supérieure chez les animaux
carnassiers.

### DE LA BALANCE.

La *balance*, qui est un levier du premier
genre , doit à cause de ses nombreux usages
nous occuper ici. La balance se compose d'un
*fléau* portant dans son milieu un axe ou un
couteau posant sur une surface plane ou ar-
rondie , qui supporte le fléau; celui-ci porte
deux plateaux à ses deux extrémités, et c'est
dans ces plateaux que l'on met les poids et
les corps que l'on veut peser. Peser un corps ,
c'est chercher le nombre d'unités de poids
nécessaires pour faire équilibre à ce corps.

Pour qu'une balance remplisse l'objet auquel on la destine, elle doit , dans sa construction , satisfaire à certaines conditions
que nous allons faire connaître. Il faut 1°
que lorsque le fléau est dans la position horizontale la balance soit en équilibre; 2° que
cet équilibre soit stable ; 3° que les points de
suspension des plateaux soient à égale distance de l'axe de rotation, au point de suspension du fléau. La nécessité des deux premières conditions est évidente : celle de la

troisième résulte de ce que nous avons dit sur
le levier : en effet, quand les deux forces appliquées aux deux extrémités du levier sont
égales, il faut que les deux bras de levier
soient égaux : or, comme ici les plateaux et
leurs attaches pèsent également, il s'ensuit
que la balance ne pourra se tenir en équilibre dans la position horizontale qu'autant
que la troisième condition, dont nous avons
parlé, sera remplie.

Voyons maintenant comment on satisfera
aux trois conditions énoncées. — Pour que la
balance soit en équilibre dans la position horizontale du fléau, il faut que, dans cette position, la verticale du centre de gravité (on sait
que la verticale d'un point est la direction
du fil à plomb qui passerait par ce point),
passe par le point de suspension du fléau :
car on peut remplacer la pesanteur de toute
la balance par un poids unique appliqué à
son centre de gravité. ( Voir ce qui a été dit
sur les centres de gravité. ) Et, comme on
peut supposer une *force* appliquée en un
point quelconque de sa direction, on pourra
supposer le poids total appliqué au centre
de suspension, lequel est fixe, et détruira
le poids. Alors la balance, dans la position
horizontale, pourra être regardée comme
n'étant sollicitée par aucune force; elle sera
donc stable dans cet état, en vertu de l'i-
nertie.

Pour remplir la deuxième condition, il
faut que le centre de gravité soit au-dessous

du point de suspension. En effet, alors le fléau étant incliné d'un certain côté, le centre de gravité remontera de l'autre, et comme il tend à se remettre toujours dans la position la plus basse qu'il puisse atteindre pour laisser le corps en équilibre, il redescendra, c'est-à-dire qu'il remettra le fléau dans la position horizontale : toutefois cela aura lieu après quelques allées et venues, qu'on désigne sous le nom d'*oscillations*. — Si le centre de gravité était au point de suspension même, la balance serait en équilibre dans toutes les positions possibles. ( Voir ce qui est relatif aux centres de gravité. ) — Enfin, quand le centre de gravité est placé au-dessus du point de suspension, en inclinant le fléau le centre de gravité s'abaisse du même côté que lui, et comme il tend à descendre aussi bas que possible pour se mettre en équilibre stable, il entraîne avec lui le fléau, qui ne peut par conséquent pas revenir à sa première position. La balance dans ce cas est *dite folle*.

Les trois positions diverses du centre de gravité sont retracées dans les *fig.* 13. Dans la première, le centre de gravité G est au-dessous du centre de suspension S, et lorsqu'on incline le fléau AB de manière qu'il prenne la position A'B', on voit que le centre de gravité qui est alors au point G' tend à passer de l'autre côté. La seconde figure représente le cas où le centre de gravité est placé

,au point de suspension ; et la troisième, celui
où il est placé au-dessus.

La troisième condition paraît facile à remplir, mais il n'en est rien. Les balances ordinaires pour lesquelles une excessive précision n'est pas nécessaire, sont considérées comme ayant les deux plateaux suspendus à distances égales du centre de suspension. Mais lorsqu'on veut faire des expériences précises, il faut toujours agir comme si cette condition n'était pas remplie. Heureusement le mathématicien Borda a imaginé un procédé très-simple appelé *Méthode des doubles pesées*, au moyen duquel on peut peser un corps avec une balance, dans laquelle les points de suspension des plateaux seraient à d'inégales distances de l'axe de rotation du fléau. Ce procédé consiste à mettre dans un plateau le corps qu'on veut peser, à lui faire équilibre avec du sable qu'on verse dans l'autre plateau, et ensuite à remplacer le corps par des poids. Il est clair que le corps et les poids ayant fait successivement et dans les mêmes circonstances équilibre à la même quantité de sable, leurs masses sont parfaitement égales.

Nous pourrions encore nous étendre beaucoup sur les détails de construction d'une balance ; mais nous nous bornerons à ce qui précède.

### DE LA ROMAINE.

Tout le monde a vu une romaine : c'est une

tige de fer, munie de deux crochets voisins :
l'un sert à suspendre la romaine, et l'autre
sert à accrocher les corps que l'on veut peser. Un poids suspendu par un anneau se
promène à volonté sur la tige. La romaine
est un levier du premier genre (*fig.* 14);
le point fixe est au point F, la résistance
sera le corps R qu'il s'agit de peser, et
la puissance sera le poids P. Ce dernier poids
est invariable de masse; on ne le change jamais, et cependant il peut faire équilibre à
des corps de masse très-différente. En effet,
à mesure qu'on l'éloigne du point fixe, le
bras de levier à l'extrémité duquel il est placé
augmente; et par conséquent l'effet de ce
poids agit de plus en plus puissamment pour
faire équilibre au corps suspendu par le crochet. Des divisions sont gravées sur la tige de
la romaine ; elles indiquent à quelles masses
le poids P fait équilibre lorsqu'il se trouve à
ces divisions.

## DU PESON.

Le *peson* est une espèce de balance formée
d'un levier coudé, comme l'indique la *fig.* 15;
le coude est à angle droit. Lorsque le plateau n'est chargé d'aucun poids, la ligne AB
est horizontale, et l'aiguille se trouve dans
la position verticale. Quand on vient à charger le plateau d'un poids, l'aiguille dévie. Cette
aiguille est formée de manière à être lourde
vers son extrémité, de sorte que son poids,
que l'on peut regarder comme placé au cen-

tre de gravité , est près de l'extrémité de l'ai-
·guille. Ceci est avantageux , car la puissance ·
du levier peut être censée appliquée au point
G, centre de gravité; et plus ce point est bas,
plus la distance GO qui est vraiment un bras
du levier, est grande (dans le cas actuel, les
bras de levier sont les distances BE' et GO ),
plus par conséquent la puissance est grande
elle-même. Si l'on charge le plateau d'un plus
grand poids, le plateau s'approche du poteau
de suspension ; d'un autre côté l'aiguille s'é-
loigne, et bientôt elle s'est éloignée assez
pour que sa distance lui permette de faire
équilibre à la charge du plateau ; à mesure
que l'on charge davantage le plateau , l'aiguille s'éloigne de moins en moins pour faire
équilibre à des accroissemens égaux de
charge , car le plateau se rapprochant lui-
même ; quoique très-peu , diminue toujours
le bras du levier à l'extrémité duquel il agit;
ce qui diminue aussi l'effet du poids qu'il
porte avec lui. L'aiguille se meut devant un
arc divisé , sur lequel on lit les poids du plateau correspondant aux diverses positions de
l'aiguille.

### DU TREUIL.

Le *treuil* ou *tour* est une machine composée d'un cylindre et d'une roue qui ont le même
axe, et qui font corps ensemble (*fig.* 16). Cet
axe a ses deux extrémités placées sur des
appuis ou tourillons ; une corde est enveloppée autour du cylindre, et supporte un poids

qui est la résistance. On imprime à la roue un mouvement de rotation ; elle fait tourner le cylindre, la corde s'enveloppe, et par-là on surmonte la résistance, on élève le poids. Ce mouvement est donné à la roue, soit à l'aide d'une corde qui est enveloppée sur cette roue, et qui est tirée par la force qu'on a à sa disposition, et que nous avons nommée puissance ; soit en garnissant les jantes de cette roue de chevilles auxquelles on applique des forces, ou sur lesquelles des hommes montent et agissent par leur poids. Cette machine est très-répandue aux environs de Paris ; on la fait servir à l'extraction du moellon des carrières.

La condition d'équilibre entre la puissance et la résistance dans le treuil, est celle-ci : *La puissance doit être à la résistance, comme le rayon du cylindre est au rayon de la roue* ; de telle sorte que si le rayon de la roue est 10 fois le rayon du cylindre, le poids de 150 livres qui est le poids moyen d'un homme appliqué à la roue, fera équilibre à un poids de 1500 livres ; l'on conçoit d'après cela comment trois ou quatre hommes, appliqués au mouvement de la roue d'un treuil, peuvent soulever des blocs de pierre énormes.

## DU CÂBESTAN.

Le câbestan est fondé absolument sur le même principe que le treuil ; les conditions d'équilibre sont les mêmes. La seule différence qui existe entre le cabestan et le treuil, c'est que dans le cabestan le cylindre est vertical au lieu d'être horizontal, et que la roue se trouve remplacée par quatre bras de levier, auxquels des hommes appliquent leurs forces (*fig.* 17). Ces bras de levier sont égaux et peuvent être regardés comme les rayons du tour ou de la circonférence qu'ils décrivent. Ici, comme pour le treuil, si les bras de levier sont dix fois plus grands que le rayon du cylindre autour duquel s'enroule la corde attachée au fardeau que l'on veut traîner, les forces qui font tourner les bras de levier pourront entraîner un fardeau dix fois plus considérable qu'elles, et ainsi de suite.

Dans toutes les machines que nous allons examiner nous retrouverons les principes qui servent à la construction des précédentes.

### DE LA POULIE.

La poulie est une roue circulaire, mobile autour d'un axe engagé dans une *chappe*. On distingue la poulie en *fixe* et en *mobile*, suivant que la chappe dans laquelle se meut la poulie est elle-même *fixe* ou *mobile*. La surface courbe de la roue est en partie enveloppée d'une corde, et pour faciliter le mouvement, cette surface est creusée d'une *gorge*.

Lorsque la chappe est fixe comme dans la *figure* 18-1, la puissance P et la résistance R sont appliquées aux extrémités de la corde enroulée autour de la poulie, et dans ce cas les deux forces doivent être égales pour se faire équilibre ; ce cas revient absolument à un levier à bras égaux ; aussi la poulie fixe n'offre que l'avantage de servir à la transmission des forces. Cet avantage est mis à profit dans les machines composées, comme la *grue*, le *mouton*, etc., etc.

Quand la chappe se déplace, et que par suite la poulie est mobile (*fig.* 18-2), le cordon a l'une de ses extrémités fixes, et la résistance agit sur l'axe même, comme le montre la figure.

En nous bornant ici, à considérer le cas le plus ordinaire, c'est-à-dire celui où les deux parties de la corde sont parallèles, dans la poulie mobile (*fig.* 18-3), la condition d'équilibre est celle-ci : *La puissance ou l'effort que l'on fait pour maintenir en équilibre le poids dont la poulie est chargée, ne doit être que la moitié de ce poids*, de sorte que pour soulever le poids il faut que l'effort en dépasse un peu la moitié.

### DES MOUFLES.

Ce que nous venons de dire de la poulie, nous conduit à parler immédiatement des *moufles*.

Une moufle est un système de poulies assemblées dans une même chappe, sur des axes particuliers, comme dans la *fig.* 19, ou sur le même axe, comme dans la *fig.* 20.

Pour appliquer les moufles au soulèvement des fardeaux, on assemble comme on le voit dans les figures précédentes, une moufle mobile avec une moufle fixe ; de sorte qu'un même cordon, tiré par une force F, embrasse tour à tour les poulies : c'est la moufle mobile qui porte le fardeau. Admettons à présent que l'on applique un effort F capable de maintenir le fardeau en équilibre, et voyons quel doit être cet effort F. Chaque poulie étant en équilibre, puisque l'ensemble s'y trouve, toutes les portions du cordon éprouvent la même tension ; on peut donc regarder ces tensions comme autant de forces égales employées à soutenir le fardeau. Or, ces cordons sont sensiblement parallèles entre eux : ainsi on peut dire que le fardeau se distribue également sur tous les cordons employés à soutenir la moufle mobile ; de sorte que si chaque moufle se compose de trois poulies, il y aura six cordons qui supporteront ensemble tout le fardeau ; chacun d'eux en supportera le sixième, et par suite le dernier, celui auquel est appliqué l'effort F, n'aura besoin que d'être tiré par un effort F égal au sixième du fardeau. S'il y avait quatre poulies à chaque moufle, l'effort nécessaire pour soutenir le fardeau devrait en être la huitième partie seulement.

## DE LA VIS.

La *vis* (*fig.* 21) est un cylindre revêtu d'un filet saillant tourné en spirale autour du cylindre. Ce filet est partout de la même grosseur, et tourne en restant toujours incliné de la même manière ; la distance entre deux tours du filet s'appelle *le pas de la vis.*

On nomme *écrou* une autre pièce sillonnée intérieurement comme la vis l'est en relief, de telle sorte que la vis et l'écrou peuvent s'emboîter. L'une de ces pièces est fixe, l'autre est mobile, de manière à pouvoir ramper sur la première.

On peut comparer l'action de la vis à la manière d'agir du plan incliné, et pour s'en convaincre, il suffit de considérer attentivement la *fig.* 22, où l'on verra que le filet d'une vis n'est autre chose qu'un plan incliné à l'axe du cylindre qu'il enveloppe. Si vous en voulez une preuve plus sensible encore, déroulez idéalement l'un de ces filets *ab*, par exemple, et son pas *bc ;* le triangle *abc* vous mettra sous les yeux un plan incliné. Vous pouvez vous en rendre raison d'une manière plus simple en fendant un carré de papier d'un angle à l'autre, et en en roulant une de ses portions sur un corps rond. Ce triangle que vous obtiendrez (et qui n'est autre chose que la coupe d'un plan incliné) vous formera exactement une vis.

La vis est un instrument dont on se sert surtout pour exercer des pressions. Si l'on veut faire marcher la vis dans l'écrou ou l'écrou sur la vis, suivant que l'une ou l'autre de ces pièces est fixe, on applique à la tête de la vis ou bien à l'écrou, un bras de levier sur lequel on exerce un appui. L'effort qu'il

faut exercer se détermine d'après la condition d'équilibre. Par exemple, supposons
que l'écrou soit mobile, alors pour l'empêcher de glisser sur la vis, pour le maintenir
en équilibre, il faudra que l'*effort exercé*,
*ou la puissance, soit à la résistance, qui
est ici le poids de l'écrou, comme le pas de
la vis est à la circonférence que la puissance
tend à décrire.*

De là on doit conclure, 1° que pour une
même vis, l'effet est d'autant plus grand que
la force est appliquée plus loin de l'axe; et
2° que pour deux vis différentes et un même
bras de levier, une force a d'autant plus
d'avantages que le pas de la vis est moins
haut.

### DES ROUES DENTÉES.

Une *roue dentée* est une roue mobile autour de son axe, et dont la surface est munie de filets ou *dents* parallèles à cet axe:
ces dents s'engagent dans celles qu'on forme
sur une autre roue dentée; alors on dit
qu'elles *engrènent*. Cet engrenage est tel que,
dès qu'une roue est mise en mouvement autour de son axe, l'autre tourne en sens contraire, comme cela doit se voir par la *fig.* 23:
les flèches indiquent le sens du mouvement
des roues.

Sur l'axe de chaque roue dentée, on en
adapte ordinairement une autre qui fait
corps avec elle, et qui a une largeur ou diamètre moindre: cette seconde roue s'appelle

*pignon*, ses dents se nomment *ailes*. En re-
gardant·la *fig*. 23 on voit que les roues dentées engrènent chacune dans le pignon de la
suivante ; ainsi la roue A engrène dans le pignon de la roue B , et celle-ci dans le pignon
de la roue C. Comme nous supposons que c'est
à la roue C qu'est appliqué un effort direct,
elle n'est pas dentée ; de même la roue dentée A n'a pas de pignon denté, car ce pignon
est remplacé par un cylindre, autour duquel
est enroulée une corde qui soutient un poids.

Si on applique à la roue C un effort suffi-
sant , le pignon de la roue C fera marcher la
roue B en sens contraire de celle-là ; et le
pignon de la roue B fera marcher la roue A
en sens contraire de son propre mouvement,
c'est-à-dire dans le même sens que la roue C ;
ainsi le poids R appliqué à l'axe de la roue A,
sera soulevé.

Les roues dentées agissent comme une suc-
cession de treuils , et si l'on se rappelle ce
que nous avons dit sur le treuil, on doit voir
que les roues dentées offrent le moyen de produire un effet considérable avec une petite
force ; l'on ne doit donc pas s'étonner de
voir, par exemple, un seul homme fermer
ou ouvrir les écluses des canaux en tournant
simplement une manivelle , et tant d'autres effets qui étonnent au premier abord,
mais qui paraissent tout naturels lorsqu'on
entre dans les détails de la machine qui sert à
les produire.

En examinant un système , un ensemble

de roues dentées, par exemple, celui que représente la *fig.* 23, on voit que la force P, appliquée à la roue C, se trouve augmentée suivant le rapport qui existe entre le diamètre de cette roue et celui de son pignon : par exemple si le diamètre de la roue C est dix fois celui du pignon, ce pignon aura une force dix fois plus grande que P, qu'il transmettra à la roue C. Cette force ainsi décuplée pourra être augmentée encore au moyen du pignon de la seconde roue B, suivant le rapport qui existe entre les diamètres de cette roue et de son pignon ; si ce rapport est 15, la force P qui, par le premier pignon était rendue dix fois plus grande, deviendra, au moyen du second pignon, 150 fois ce qu'elle était. Ainsi, la roue qui soulève le poids R sera mue comme si on lui appliquait une force cent cinquante fois plus grande que P ; en définitive, une force d'une livre pourra, au moyen de ce système de roues dentées, soulever un poids de 150, et l'on conçoit qu'avec un plus grand nombre de roues dentées, on pourrait produire avec la même force un bien plus grand effet.

On prouve par le calcul que pour vaincre une résistance, soulever un poids par une certaine force ou puissance, au moyen d'un système de roues dentées, il faut : *Que la force ou puissance soit au poids qu'il s'agit de vaincre, comme le produit des rayons des pignons est au produit des rayons des roues.*

Au moyen d'une telle formule, il est facile de savoir comment, avec un système de roues dentées, on peut faire équilibre à un très-grand poids par un effort représentant un poids beaucoup plus faible. Ainsi, l'on demande, par exemple, comment on pourra faire équilibre à un poids de 100,000 kilog. avec un poids de 50 kilog.—On prend le rapport entre la résistance et la puissance, c'est-à-dire entre 100,000 et 50 : ce rapport se fait en divisant 100,000 par 50, ce qui donne 2,000 pour quotient. Il s'agit maintenant de trouver un système de roues dentées, tel que le produit des rayons des roues divisé par le produit des rayons des pignons, donne un quotient ou rapport égal au précédent, 2,000. Ce dernier nombre peut être décomposé en facteurs, tels que $4 \times 4 \times 5 \times 5 \times 5$, dont le produit effectué est 2,000. Si je prends 2 roues dentées ayant chacune un rayon de 8 pouces, et un pignon dont le rayon soit égal à 2 pouces, puis trois roues dentées, ayant chacune un rayon de 10 pouces, et un pignon de rayon égal à 2 pouces. Le produit des rayons de toutes ces roues, sera égal à $8 \times 8 \times 10 \times 10 \times 10$ ou 64000 ; le produit des rayons des pignons sera égal à $2 \times 2 \times 2 \times 2 \times 2$ ou 32. Le rapport de ces 2 produits, ou en d'autres termes le quotient de 64,000 divisés par 32, est égal à 2,000. Donc les systèmes des cinq roues dentées dont j'ai parlé, remplit toutes les conditions nécessaires pour faire équilibre à un poids de 100 mille kilog., au moyen d'un poids ou d'une puissance de 50 kilogrammes.

## DU CRIC.

Concevons une barre AB (*fig. 24-1*), dentée d'un côté, et retenue dans une forte boîte ; en dessus de la boîte on pratique une ouverture par laquelle cette barre peut sortir lorsqu'on fait tourner un pignon E qui engrène avec les dents de la barre, et la fait monter ou descendre, suivant qu'il tourne dans un sens ou dans l'autre. Cette machine s'appelle *cric :* son usage est d'élever le poids qu'on applique à l'extrémité A de la barre ; ce poids est ordinairement celui d'une voiture ou d'un bloc de pierre. Pour mettre le pignon en mouvement, on se sert de la manivelle M. Il est clair qu'on peut supposer le poids, ou résistance, immédiatement appliquée sur la dent du pignon qui touche la barre ; et la condition à remplir pour que la puissance appliquée à la manivelle fasse équilibre au poids appliqué au pignon, est celle-ci : *Il faut que la puissance soit à la résistance comme le rayon du pignon est à celui de la manivelle.* Si le rayon du pignon est d'un pouce, et que le rayon de la manivelle soit de 10 pouces, la force de l'homme, par exemple, appliquée à la manivelle, permettra au pignon ou à la barre de supporter un poids dix fois plus grand que cette même force ; si cette force d'homme équivaut à 60 livres, elle pourra soulever un poids de 600 livres.

Lorsqu'on a produit l'effet demandé avec le cric, si la puissance appliquée à la manivelle cessait son action, le poids appliqué à l'extrémité A de la barre, la ferait redescendre, en forçant le pignon à tourner en sens contraire de son premier mouvement; pour éviter cet inconvénient, on dispose *extérieurement* sur la boîte du cric un *encliquetage* qui empêche le pignon de tourner en sens contraire.

On se sert fréquemment de manivelles à bras courbés; mais par rayon de la manivelle il faut toujours entendre la distance droite du point d'application de la force au centre du pignon.

Le cric, que nous venons de décrire est le *cric simple*; il est représenté par la *fig.* 24-1. La *fig.* 24-2 représente les engrenages du *cric composé*. On dispose entre le pignon E et la barre A B, une ou plusieurs roues dentées armées de leurs pignons; pour plus de simplicité nous n'avons placé ici qu'une seule roue dentée entre le pignon et la barre. Les effets de la puissance appliquée à la manivelle sont transmis à la barre par la roue dentée R, et se trouvent encore augmentés par cette roue; ceci est facile à comprendre et rentre dans ce que nous avons dit sur les roues dentées. Si le rayon de la manivelle est de dix pouces et celui du pignon d'un pouce, la force de 60 livres, par exemple, appli-

quée à la manivelle, se trouve décuplée au
pignon et équivaut à 600 livres : si le rayon
de la roue dentée R est également de dix
pouces et celui de son pignon d'un pouce,
la force de 600 livres transmise à la roue R
se trouve décuplée encore au pignon de celle-
ci, c'est-à-dire égale à 6 mille livres ; de
sorte que la force de soixante livres se trouve
portée à six mille livres au pignon qui eu-
grène avec la barre AB ; de sorte, enfin,
qu'avec ce cric composé on peut, au moyen
d'un poids de soixante livres, faire équilibre à un poids de six mille livres, et en
dépassant un peu soixante livres, soulever le
poids de six mille. — On conçoit bien alors
comment un seul homme peut avec un cric
soulever une diligence chargée.

### DES MACHINES COMPOSÉES.

Les dernières machines que nous venons
d'examiner sont, à proprement parler, simples ; il arrive souvent qu'une d'elles ne suffit pas seule à l'objet auquel on la destine :
alors on en dispose plusieurs ensemble de la
manière la plus convenable, et la perfection
consiste à employer les moyens les plus simples et les plus faciles.

### DE LA VIS SANS FIN.

La *vis sans fin* (*fig*. 25) est une vis placée
dans une position horizontale ou verticale :
en tournant elle fait mouvoir une roue dentée, dont l'axe est un cylindre supportant un

poids comme dans le treuil. En tournant la
manivelle le poids monte, et la corde s'enroule autour du cylindre qu'on voit dans la
figure.

On prouve par le calcul que pour faire
equilibre à un certain poids P, au moyen de
cette machine, il faut appliquer à la manivelle un effort tel que *cet effort soit au poids,
comme le produit du rayon du cylindre par
le pas de la vis est au produit du rayon de la
roue multiplié par la longueur de la circonférence ou du cercle que décrit la manivelle.*
Pour donner une application, supposons que
le pas de la vis ou la distance de deux filets
soit un pouce, que le rayon du cylindre soit
de deux pouces; le produit du pas de la vis et
du rayon du cylindre sera $1 \times 2$ ou 2.—Supposons que AB soit de 4 pouces, ce sera le
rayon de la circonférence décrite par la manivelle (la longueur de la circonférence est
un peu plus de trois fois le diamètre ou de six
fois le rayon, c'est-à-dire 25 environ); si le
rayon de la roue dentée est de 5 pouces,
le produit de la circonférence par ce dernier
rayon sera $25 \times 5$ ou 125; et d'après la condition d'équilibre précédente, il s'ensuit
qu'une force équivalente à deux livres pourra
faire équilibre à un poids de plus de cent
vingt-cinq livres.

DES HAQUETS.

On appelle haquets (*fig.* 26) les longues
voitures qui servent au transport des vins et

des autres liqueurs. Ces voitures consistent en deux longues pièces de bois, tenues par des traverses posées sur un essieu autour duquel elles peuvent faire la bascule, et prendre par-là une position horizontale ou inclinée. En avant, est un treuil destiné à opérer le chargement. Pour le faire, on incline le baquet de manière à ce que le derrière repose à terre ; on enveloppe le tonneau avec le câble qui va s'enrouler autour du cylindre du treuil ; on fait tourner celui-ci, et le tonneau s'avance sur le haquet. La voiture se relève d'elle-même quand le tonneau, en remontant, a franchi le centre de gravité. On voit que cette voiture se compose, lorsqu'on la considère dans le chargement, du treuil et du plan incliné.

C'est à Pascal que nous devons l'invention du haquet.

### DE LA GRUE.

La grue (*fig.* 27) se compose d'un treuil et de poulies, sur lesquelles est enroulée une corde qui va aussi s'enrouler autour du cylindre du treuil. Le poids qu'il s'agit d'enlever ou de descendre est suspendu à cette corde ; sans les poulies, cette corde descendrait verticalement à partir du cylindre ; mais au moyen des poulies, la corde, et par suite le poids est dirigé comme on le veut ; les poulies n'ont par conséquent d'autre effet que celui de changer la puissance fournie par le treuil.

## DU MOUTON.

Le mouton (*fig.* 28) est une machine qui se compose d'un cabestan et de poulies; il sert à frapper de grands coups pour enfoncer de gros pieux en terre. En faisant tourner le cabestan, on élève le poids P, qui remonte le long de deux poutres droites; la corde s'enroule autour du cylindre AB. Lorsque le poids est assez élevé, on lâche un ressort I; la partie AB du cylindre du cabestan tourne, la corde se déroule, et le poids tombe avec force sur l'obstacle M. Si M est la tête d'un pieu, il sera enfoncé en terre. En répétant plusieurs fois cette opération, le pieu s'enfoncera de plus en plus.

## DU DYNAMOMÈTRE.

Le dynamomètre (*fig.* 29) est un instrument dont on se sert pour mesurer la puissance de pression ou de tirage d'un moteur quelconque, comme un homme, un cheval, une machine. Voici comment on peut se faire idée de cet instrument: supposons, par exemple, qu'on veuille mesurer à quel nombre de kilogr. la force de tirage d'un homme peut être comparée; on pourra placer le dynamomètre entre les deux extrémités d'une corde enroulée sur deux poulies. On attachera la poulie P à un fort crochet, et l'homme tirera à lui la poulie P' avec toute la puissance de ses muscles; à mesure qu'il tirera, l'aiguille AB marchera sur le cadran divisé du dynamomètre. Les divisions de ce cadran indiquent

le nombre de kilogrammes , auquel correspond tel ou tel effort. Si l'aiguille s'arrête à
15o deg. après que l'homme a exercé son plus
grand effort , il faut en conclure que la force
de tirage de cet homme équivaut à 15o kilog.
Pour *graduer* cet instrument , c'est-à-dire
pour faire les divisions sur le cadran , on
conçoit qu'il a suffi , par exemple , de charger successivement la poulie P' de 1o, de 100,
de 1000 kilogrammes , etc. ; et de marquer
chaque fois sur le cadran le point où s'arrê-
tait l'aiguille.

Pour comprendre la marche de cette aiguille , il faut remarquer que RS et R'S'
sont les deux parties d'un ressort d'acier ,
réunies par deux demi-anneaux arrondis.
(On fait varier les dimensions de ce ressort
suivant la tension qu'il doit supporter , ou
le poids qui produit cette tension.) En tirant
la poulie P', la corde est tendue, et les deux
parties du ressort se rapprochent plus ou
moins. Un repoussoir *ab* est fixé sur le ressort RS , et aussi sur la plaque en cuivre où
se meut l'aiguille; cette plaque en cuivre est
elle-même fixée, sur l'autre ressort R'S'.
Lorsque les deux parties du ressort se rapprochent plus ou moins, le repoussoir *ab*
pousse l'aiguille AB plus ou moins, et lui fait
marquer différens degrés correspondans à la
tension , sur l'arc de cercle divisé.

Le dynamomètre fait connaître la pression
qu'un moteur exerce sur un obstacle fixe;
et des expériences sur des individus plus ou

moins fortement constitués, nous ont appris
que la plus grande tension d'un ressort qu'un
homme presse entre ses mains , varie de 5o à
71 kilogrammes, c'est-à-dire de 100 à 142 livres ordinaires. L'échelle de tirage du même
dynamomètre donne 140 à 150 kilogrammes
(280 à 300 livres poids), pour le plus grand
poids qu'un homme puisse soulever de terre
en s'aidant des mains et des reins. On croyait
généralement que les forces musculaires de
l'homme à l'état sauvage surpassaient celles
des manœuvres des pays civilisés : des expériences faites à la Nouvelle-Hollande par
un naturaliste français , ont prouvé que des
matelots français et anglais , à peu près de
même force que les Sauvages pour serrer entre les mains, leur étaient bien supérieurs par
l'action des reins. La mesure moyenne de
cette action était de 100 kilogrammes pour
les uns , et de 128 pour les autres.

Pour mesurer le plus grand effort d'un
cheval attaché à un palonnier, on fixe le
dynamomètre par l'une de ses extrémités à
ce palonnier, et par l'autre à un grand ressort en bois qui se tend peu à peu ; l'aiguille
indique le plus grand effort. On peut encore , si l'on a une suite de traîneaux conti-
nus , pesamment chargés, et liés entre eux
par des bouts de chaîne d'une certaine longueur , attacher la seconde extrémité du dynamomètre au premier de ces traîneaux : le
cheval tire d'abord les premiers traîneaux, et
successivement ceux qui suivent , jusqu'à ce

que la résistance croissant avec le nombre des traîneaux mis en mouvement, fasse équilibre au plus grand effort du cheval. Par ce procédé on donne le temps aux chevaux d'arriver par degrés à leur *maximum* d'effort (c'est-à-dire à leur plus grand effort). C'est ainsi que le dynamomètre a montré que ce *maximum* variait de 300 à 525 kilogr. (de 600 à 1050 livres).

### DES CORDES.

Dans la plupart des machines, la transmission du mouvement se fait par des cordages ou câbles qui sont composés de fils de lin ou de chanvre. Les cordages s'assemblent entre eux par des nœuds dont la forme varie dans les différens arts.

Les cordages se composent de fils dont l'épaisseur est de 1 à 5 millimètres : ces fils se nomment dans la marine *fils de caret*. Le chanvre qui sert à les fabriquer se divise en *brins* de différentes longueurs. Les fils de caret, de plus long brin, ou de premier brin, ont 8 millimètres de tour ; les fils de second brin 10 millimètres, et enfin ceux de troisième brin, 14 millimètres. Les plus petits cordages se nomment *ficelles* ; ils sont composés de deux petits fils cordés ou *commis* ensemble : en terme de marine on les nomme *bitords*. Ceux qui sont composés de trois fils commis ensemble se nomment, dans la marine, *merlins*, et en termes ordinaires *lignes*. Plusieurs fils tordus ensemble se nomment *tourons;* chaque touron peut être composé d'un nombre de fils depuis 2 jusqu'à 6 tordus ensemble. Les tourons tordus ensemble forment des cordes simples, qu'on nomme *aussières.* Ces cordes sont composées d'un nombre de tourons depuis 3 jusqu'à 6; les cordes formées d'aussières tordues ensemble se nommant *grelins.*

On mesure la résistance d'une corde par le nombre de fils dont elle est composée, et par le poids qu'un de ses fils peut supporter avant de se rompre : on suppose que chaque fil soit de 2 millimètres d'épaisseur. Connaissant la grosseur d'une corde, on en conclut le nombre de fils qu'il faudrait commettre pour lui donner cette grosseur ; en multipliant ce nombre par la résistance d'un des fils, on a la résistance totale de la corde.

La résistance d'un fil de 2 millimètres d'épaisseur varie dans les cordes suivant leur grosseur ; elle diminue à mesure que la grosseur de la corde augmente ; elle est de 7 kilogrammes 8 dixièmes pour les cordes au-dessus de 27 millimètres d'épaisseur ; de 7 kilogrammes 2 dix., pour celles au-dessus, jusqu'à 54 millimètres ; et de 7 kilogrammes pour celles au-dessus de 54 jusqu'à 81 millimètres d'épaisseur.

### ROIDEUR ET FROTTEMENT DES CORDES.

Lorsqu'une corde passe sur le cylindre d'un treuil ou sur la gorge d'une poulie, dont l'axe est horizontal, si la corde était sans roideur et d'une flexibilité parfaite, les deux parties de cette corde seraient verticales, et la corde s'appliquerait sur une demi-circonférence du cylindre du treuil ou de la poulie; mais, à cause de la roideur, il n'en est pas ainsi : les deux côtés de la corde s'écartent de la verticale, et la portion de corde appliquée sur le cylindre ou sur la poulie, n'embrasse pas une demi-circonférence : il s'en faut plus ou moins suivant la roideur de la corde. Pour mesurer cette roideur, on fixe l'une des extrémités de la corde en la maintenant dans une position verticale ou d'aplomb, et on charge l'autre extrémité d'un poids qui maintienne la seconde portion de corde dans une position également verticale. On s'arrange de manière que ce poids fasse embrasser à la corde une demi-circonférence ( demi-tour ) du cylindre ou de la poulie, et ce poids exprime alors la roideur de la corde.

Pour mesurer le frottement d'une corde sur une poulie ou sur un tour, on attache à chaque extrémité de la corde un poids tel que ces deux portions de corde pèsent également, se fassent équilibre. Puis on ajoute sur l'un des poids d'autres petits poids, jusqu'à ce que la corde commence à descendre de ce côté: ces petits poids auront vaincu le frottement de la corde, et par conséquent le mesureront.

La roideur et le frottement d'une corde dépendent de trois causes : 1° de la nature

de la corde et de son degré de torsion ;
2° de la grosseur du cylindre sur lequel elle
s'enveloppe ; 3° des poids attachés à chaque
extrémité de la corde : plus ils sont considérables, plus le frottement est lui-même
énergique.

### DU FROTTEMENT EN GÉNÉRAL.

La surface de tous les corps solides de
la nature est parsemée de pores ou petits
creux, et hérissée d'aspérités. Celle qui paraît la plus polie à la vue simple est comme
raboteuse, vue à la loupe, et elle l'est réellement. Or, qu'arrive-t-il lorsque deux
masses de bois ou de métal pèsent de tout
leur poids l'une sur l'autre ? les aspérités de
l'une s'engrènent dans les pores de l'autre,
et réciproquement ; que si l'on veut en faire
glisser une sans les séparer, il faudra briser, arracher ces aspérités, de même qu'il
faudrait briser les dents de deux scies enga-
gées les unes dans les autres, si l'on voulait
faire glisser l'une de ces deux scies. Or, il
faut un effort pour rompre ces aspérités, il y
a donc inévitablement un premier obstacle au
mouvement, et, pour le vaincre, il faut con-
sommer une portion de la force sans utilité
pour le travail à faire. Cette résistance, on
l'appelle *résistance des frottemens* : il est
clair que la pesanteur y donne principalement lieu. Cependant cette résistance se présente de même, lorsque les corps se meuvent

appuyés plus ou moins fortement les uns sur les autres par toute autre cause.

On distingue deux espèces de frottemens : celui du *premier genre* a lieu, lorsqu'un corps glisse sur un autre, comme un morceau de bois sur une matière quelconque ; celui du *second genre*, lorsqu'un corps roule sur un autre corps, comme une bille sur un billard, une voiture sur le pavé. Il est facile de concevoir que le premier genre de frottement doit présenter plus de résistance que le second. On sait quelle différence on trouverait, pour l'effort à faire, de traîner une voiture sur les roues, ou sans roues, ou avec ses roues enrayées. On sait, par exemple, qu'on *enraie* une voiture lorsqu'on veut descendre une montagne rapide : par là on augmente le frottement, qui devient alors du premier genre, et l'on ralentit la vitesse de la voiture.

Pour nous représenter distinctement l'effet des deux espèces de frottement, prenons deux roues dentées engrenées : si nous voulons faire glisser la première sur la seconde, sans la faire rouler, il faudra briser leurs dents, et la résistance sera très-considérable, quelle que soit la petitesse des dents ; mais si nous les faisons rouler l'une sur l'autre, la résistance sera peu sensible, parce que les dents se désengrèneront au fur et à mesure que l'une des roues avancera. Or, ce qui a lieu pour les roues dentées, a lieu aussi pour tous les corps qui frottent en glissant ou

en roulant : dans le premier cas, les aspérités se brisent ; dans le second, elles dé-
sengrènent sans se briser.

Le frottement tient à une multitude de
circonstances que le calcul ne peut seul embrasser, car il faut faire entrer en considération le poli des surfaces, la température et
l'humidité de l'atmosphère, l'affinité des
substances l'une pour l'autre, la vitesse du
mouvement, etc. Il faut donc avoir recours
à l'expérience pour connaître avec exact^-
tude la résistance des frottemens. C'est à
Coulomb que nous devons les plus belles expériences sur ce sujet. Voici les principaux
résultats des expériences de cet illustre physicien.

1°. *Le frottement varie pour les surfaces
différemment polies.* Aussi on peut le dimi-
nuer en polissant les surfaces, ou en bou-
chant les petites cavités ou pores qu'offrent
ces surfaces, avec des substances telles que
les huiles, les graisses et autres matières
analogues, que l'on met entre les surfaces
frottantes dont elles détruisent en partie
l'adhérence par leur interposition. — Les
huiles mucilagineuses conviennent beaucoup
moins que les autres, à raison du mucilage
visqueux qui charge les surfaces et augmente la résistance. — On emploie avec suc-
cès sur le bois un mélange de graisse et de
plombagine.

2°. *Le temps influe sur l'adhérence des
corps.* On conçoit en effet que les aspérités

s'engagent plus profondément dans les petites cavités, à raison du poids même du
corps qui agit à chaque instant et tout le
temps qu'ils restent en repos les uns sur les
autres.

3°. *Deux surfaces de même nature éprouvent un frottement plus grand que deux
surfaces de nature différente, également
polies.* Aussi a-t-on l'attention dans la pratique, de varier autant qu'on le peut la nature
des pièces qui doivent tourner les unes sur
les autres. Par exemple, on fait rouler les
essieux, qui sont d'acier, dans des boîtes de
cuivre. La raison en est que les cavités ou aspérités des corps hétérogènes (de nature di-
verse) ont moins de rapports entre elles;
leurs formes sont différentes; leurs dispositions ont moins de correspondance que sur
des surfaces homogènes (de même nature),
et elles ne peuvent par conséquent s'engager
ni avec autant de facilité, ni si entièrement.

4°. *Le mouvement rapide des corps frot-
tans augmente la résistance des frottemens,
même lorsque ce sont des corps hétérogènes.*
Aussi remarque-t-on, par exemple, que les
cylindres *de devant* des machines à filer le
coton, entament plutôt les supports, que
ceux *de derrière* qui tournent moins vite.

5°. *Le frottement ne dépend pas de l'étendue des surfaces en contact, le poids du corps
restant le même.* Ce principe, attesté par
l'expérience, paraît d'abord singulier: cependant on peut observer que, selon qu'on

fait frotter un corps, comme une règle de cuivre, par exemple, suivant sa largeur ou suivant son épaisseur, les points de contact sont *plus* ou *moins* nombreux, mais que chacun d'eux porte un poids *moins* ou *plus* considérable ; et il paraît qu'il y a compensation entre ces deux effets.

6°. *Le frottement est proportionnel à la pression*, c'est à dire, que le corps frotte d'autant plus qu'il presse davantage sur la surface où il glisse.

Le frottement qui, comme on le voit, nuit en bien des occasions à l'effet des machines, est, dans une infinité de circonstances, d'une grande utilité. Par exemple, les différentes parties d'une machine, ou d'une charpente, assemblée avec des clous, des chevilles ou des boulons taraudés, se désuniraient bientôt sans le frottement considérable du fer enfoncé dans le bois à coups de marteau ou de masse, et des écrous contre les vis. L'enroulement d'une corde ou d'un câble autour d'un cylindre immobile, produit un frottement capable de résister à un effort qui exigerait, pour être contrebalancé, les efforts réunis de plusieurs hommes ou de plusieurs chevaux. On en voit des exemples dans la manœuvre de bateaux employés à différens usages, lors de la construction des ponts sur les grandes rivières. On se sert du même procédé pour rendre moins rapide la descente d'un gros bloc de pierre le long d'une rampe ou plan incliné quel-

conque. Les constructions, tant dans l'eau
que sur terre, offrent mille autres exemples
de l'utilité et' de l'usage du frottement ; les
arts mécaniques n'en présentent pas moins ;
et ces exemples se retraceront en foule
à la mémoire de tous ceux qui ont les
plus légères notions de la construction et
des arts.

Nous terminons ce qui a rapport à la statique, en citant un principe qui revient sans cesse
en mécanique : c'est que la *réaction est égale
et opposée à l'action.* C'est-à-dire, par exemple, que si l'on tire une corde attachée à un
point fixe, cette action-là est combattue par
une force précisement égale, par une réaction qui agit en sens contraire de l'effort,
et qui n'est autre chose que la tension de la
corde. Ce principe se représente encore dans
la résistance que les corps opposent au
mouvement. En un mot, on retrouve constamment, et sous mille formes diverses, que
*la réaction est égale et opposée à l'action.*

# LIVRE DEUXIÈME.

### DYNAMIQUE.

## CHAPITRE I<sup>er</sup>.

### DES DIFFÉRENS MOUVEMENS EN LIGNE DROITE.

Dans tout ce que nous venons de dire sur
la statique, nous avons eu principalement

pour but de montrer comment une certaine force pouvait, au moyen d'une machine, résister à une autre force plus considérable. Nous avons envisagé, en un mot, les conditions à remplir pour que certaines forces fissent équilibre à d'autres ; l'idée de *temps* n'y entrait pour rien. La *dynamique* au contraire, faisant sans cesse entrer le temps en considération, a pour objet l'action des forces sur les corps solides, lorsqu'il résulte de cette action un mouvement.

On distingue plusieurs espèces de mouvemens.

### 1°. *Mouvement uniforme.*

Le *mouvement uniforme* est celui dans lequel un corps, parcourt des *espaces égaux en des temps égaux*. Par exemple , un corps qui parcourt une toise en une seconde, deux toises en deux secondes, trois toises en trois secondes, etc., est en mouvement uniforme.

L'espace parcouru dans chaque unité de temps s'appelle la *vitesse* du corps.

### 2°. *Mouvement varié.*

Tout mouvement qui n'est pas uniforme est appelé *varié*, et on dit que ce mouvement varié est *accéléré* ou *retardé*, suivant que les espaces parcourus dans des temps égaux successifs, sont de plus en plus grands ou de plus en plus petits.

Pour avoir une idée nette du mouvement varié d'un mobile, il faut le concevoir (faisant pour un moment abstraction du frottement) continuellement soumis à l'action d'une force, de sorte qu'il en reçoive à chaque instant une nouvelle impulsion : car si le corps, une fois mis en mouvement, n'en recevait aucune, comme par sa nature il est inerte, c'est-à-dire incapable de changer son état, il aurait un mouvement uniforme. — Lorsque la force qui agit continuellement sur le corps durant le mouvement varié, est de nature à accélérer le mouvement, à le rendre de plus en plus rapide, on l'appelle force *accélératrice;* dans le cas contraire, on l'appelle force *retardatrice.* La pesanteur nous offre des exemples de ces deux forces ; si nous laissons tomber un corps d'une certaine hauteur, la pesanteur, attirant sans cesse le corps, accélère son mouvement de telle sorte, que sa vitesse, en arrivant à terre, est beaucoup plus grande qu'au commencement de la chute. La pesanteur est donc alors *force accélératrice.* Si au contraire, nous lançons un corps de bas en haut avec une certaine force, la pesanteur agira sur lui comme une force *retardatrice,* puisqu'elle attirera ce corps en sens contraire de son mouvement, en tendant à le ramener vers la terre.

Pour connaître la *vitesse* d'un corps en mouvement *varié,* à un certain instant de ce mouvement, il faut supposer qu'à cet instant même la force cesse tout à coup d'agir sur le corps ; le mouvement devient sur-le-champ uniforme en vertu de l'inertie, et l'espace parcouru alors par le corps dans l'unité de temps (c'est-à-dire une seconde), mesure la vitesse pour cet instant donné. Cette vitesse est produite par les impulsions exercées durant le temps qui a précédé. Cela n'est pas une chose de pure définition, et en réfléchissant attentivement, on verra que nous ne nous formons pas une autre idée de la vitesse variable d'un corps : toutes les impulsions dues à la force se sont ajoutées, et dans le mouvement uniforme qui s'est établi, en arrêtant l'action de cette force, la vitesse est celle qu'aurait produite une force unique égale à toutes les impulsions réitérées. Par exemple, concevons une bille de billard frappée de dix petites impulsions successives; elle acquerra une vitesse qui sera absolument la même que si on lui eût communiqué une seule impulsion égale à l'ensemble des dix plus petites.

Ainsi, dans un mouvement varié, la vitesse change à chaque instant, et cette vitesse à un instant déterminé, est l'espace que parcourrait le mobile durant chaque seconde, si tout à coup, à cet instant, toute force motrice cessait d'agir.

### 3°. *Mouvement uniformément varié.*

Si la force qui met un mobile en mouvement agit constamment sur le mobile et toujours de la même manière, le mouvement est appelé *uniformément accéléré.*

Dans un tel mouvement, *la vitesse est proportionnelle au temps*; c'est-à-dire, que si la vitesse est de 1 mètre au bout de la pre-

mière seconde, elle sera de 2 mèt. au bout de
2", de 3 mèt. au bout de 3" et ainsi de suite.

Dans le même mouvement, *les espaces
parcourus sont entre eux comme les carrés
des temps employés à les parcourir ;* c'est-
à-dire que si au bout d'une seconde l'espace
parcouru par le mobile èst de une toise , au
bout de 2" , il sera de 4 toises; au bout de
3" , de 9 toises; au bout de 4" de 16 toises
et ainsi de suite. ( Les nombres de toises 1, 4,
9, 16, etc., sont respectivement les carrés des
nombres de secondes 1 , 2 , 3 , 4, etc. )

La pesanteur agissant constamment et de
la même manière sur les corps pour les faire
tomber à la surface de la terre leur communique le mouvement uniformément accéléré.
Ainsi dans la chute des corps , leur vitesse
est proportionnelle au temps qu'ils mettent
à tomber, et les espaces parcourus aux divers instans de leur chute croissent comme
les carrés des temps.

Des expériences ont prouvé que l'espace
parcouru par un corps tombant pendant une
seconde vers la surface de la terre ( lorsque
l'air ne lui oppose qu'une résistance insensible), est de 4 mèt., 904 millim., ou 15 pieds
1 pouce environ, et la vitesse qu'il acquiert
pendant cette chute est telle, que si l'attraction cessait tout à coup, le corps pourrait , en
vertu de la force acquise, parcourir pendant
la deuxième seconde un espace double de
celui de la première, c'est-à-dire 9 mètres
809 millimètres.

Avec ces données et les lois du mouvement uniformément accéléré que je viens d'indiquer, il est facile de savoir, par exemple, l'espace que parcourra dans un certain temps un corps tombant d'une grande hauteur. Si l'on veut savoir l'espace qu'aura parcouru le corps au bout de 4″ : les espaces parcourus étant entre eux comme les carrés des temps, il faudra multiplier l'espace 4 mèt. 904 parcouru dans 1″. par 16 (carré de 4), et l'on aura 78 mèt. 464 millim. pour l'espace parcouru au bout de 4 secondes.

On peut encore arriver à d'autres résultats : sachant, par exemple, qu'une balle de plomb qu'on a laissé tomber du haut d'une tour a mis 5″ pour arriver au bas, on pourra savoir la hauteur de la tour en multipliant l'espace 4 mèt. 904 parcouru dans 1″ par 25 (carré de 5″), et l'on trouvera ainsi 122 mèt. 6 dixièmes pour la hauteur de la tour. Toutes les applications analogues que l'on peut faire de ce qui précède, sur la pesanteur, sont trop faciles pour que je m'y arrête davantage.

Lorsqu'un corps est en mouvement, on appelle *quantité de mouvement* le produit de la masse du corps par sa vitesse. En sorte qu'un même corps a plus de mouvement quand sa vitesse est plus grande, sa masse restant la même, ou quand, la vitesse restant la même, la masse est augmentée ; ou, si l'on veut, quand deux corps ont des masses égales, celui qui a le plus de vitesse a le plus de mouvement, peut renverser un plus grand obstacle ; et si deux corps ont des vitesses égales, celui qui a le plus de masse a le plus de mouvement.

*Les forces se mesurent par les quantités de mouvement qu'elles peuvent imprimer.* Si une force imprime à une boule de plomb de 4 livres une vitesse égale à 3 mèt'., la quantité de mouvement de cette boule sera $4 \times 3$ ou 12. Si une autre force imprime à la même boule une vitesse égale à 6 mèt., la quantité de mouvement sera égale à $4 \times 6$ ou 24, c'est-à-dire, sera double de la première quantité de mouvement, et la seconde force sera double de la première ; de sorte que par les quantités de mouvement, on peut apprécier les forces.

Lorsque la vitesse d'un mobile peu considérable en poids ( comme une balle de plomb, un boulet) est très-grande, cette vitesse multipliée par le poids du mobile ( balle ou boulet), donne un produit très-grand qui est la quantité de mouvement représentant là force d'action que ce mobile a reçue et qu'il pourrait imprimer lui-même. Les canons, les fusils, montrent la force qu'acquiert un certain poids par suite de la grande vitesse que lui imprime une force instantanée.

Pour donner une idée de la manière dont on mesure les vitesses très-grandes, il est bon de citer celle dont on a fait usage pour mesurer la vitesse des boulets de canon ou des balles de fusil à leur sortie. Beaucoup d'expériences ont eu lieu à ce sujet ; elles ont

montré que la vitesse des boulets de canon
va quelquefois au-delà de 600 mètres (1800
pieds et plus) par seconde, et que celle des
balles de fusil s'élève à près de 400 mètres
(1200 pieds environ). La force instantanée
qui chasse ces projectiles est due à l'inflam-
mation de la poudre. Au moyen de cette in-
flammation, un certain volume de poudre,
qui était très-petit, se trouve transformé en
une très-grande quantité de gaz, lequel, étant
resserré dans l'espace étroit qu'occupait la
poudre, a une force considérable d'expan-
sion, de ressort, et chasse le boulet ou la
balle avec les vitesses très-grandes que j'ai
indiquées.

On conçoit que la vitesse d'un boulet de
canon est trop rapide pour qu'on puisse la
mesurer immédiatement. Il faut commencer
par la ramener à être dans une proportion
connue avec une autre beaucoup moindre. Or
cela peut se faire en supposant que le boulet
projeté avec une grande vitesse frappe quelque objet très-pesant, comme un gros bloc de
bois, duquel il ne rebondisse point, de sorte
qu'après le choc, ils continuent leur marche
tous deux ensemble avec une vitesse commune. On sait qu'alors la vitesse avec laquelle le boulet et le bloc de bois se meuvent
ensemble est à la vitesse du boulet avant le
choc, comme la masse du boulet est à celle
du boulet et du bloc réunis. On peut, par ce
moyen, réduire des vitesses de 600 mètresà
d'autres d'un ou de deux mètres par seconde.

En mesurant ces dernières par des moyens
convenables, et les multipliant par le rapport
des masses réunies du boulet et du bloc à la
masse du boulet, on trouve la vitesse du boulet au moment du choc.

Les vitesses réduites peuvent se mesurer
facilement par un moyen simple et ingénieux
imaginé par Robin. Au lieu de laisser le bloc
de bois se mouvoir librement dans la direction du mouvement du boulet, lorsqu'il en a
été frappé, on le suspend comme la lentille
du pendule d'une horloge, par une forte
tige de fer, dont l'extrémité supérieure porte
un axe horizontal, autour duquel il oscille
librement, lorsqu'il est frappé par le boulet.
On voit aisément l'effet de cet appareil : le
boulet, en frappant le pendule, s'y en-
fonce à une certaine profondeur, et le pendule, formé du gros bloc de bois, oscille
autour de son axe, en décrivant un arc dont
la grandeur dépendra de la force du coup
qu'il aura reçu. On a des moyens faciles de
mesurer la grandeur de cet arc, et le calcul
fournit la manière d'en déduire la vitesse du
gros pendule: cette vitesse est celle du boulet
de canon réduite; quand on la connaît, on en
conclut la vitesse première du boulet.

Pour donner une application, imaginons
qu'on ait lancé un boulet de 4 contre un gros
bloc de bois suspendu en pendule, comme il
a été dit, et pesant deux mille livres. Supposons en outre que la vitesse de ce gros bloc
de bois soit de 1 mètre par seconde après le

choc; pour connaître la vitesse primitive du boulet que je désigne par $x$ , on posera la proportion :

$x$ (vitesse primitive) : $1^m$ :: 2,004 ( poids réunis du bloc et du boul.) : 4 (p. du boul.), d'où l'on déduit pour la valeur de la quantité inconnue $x$ , qui représente la vitesse du boulet,

$$x = 1^m \times \frac{2,004}{4} = 501^m.$$

Ainsi dans l'exemple que j'ai pris, la vitesse du boulet de 4 serait de 501 mètres par seconde (1,093 pieds).

On mesure d'une manière semblable les vitesses des balles de fusil.

On a encore employé d'autres procédés pour mesurer ces vitesses; ils sont fondés sur le recul du canon ou du fusil; mais ce qui précède suffit pour montrer comment cette mesure est possible.

---

## CHAPITRE II.

### DU MOUVEMENT EN LIGNE COURBE.

Lorsqu'une force agit sur un corps; et agit seule, ou bien que d'autres forces ajoutent leur action à la première, mais toujours dans la même direction, le mouvement se fait en ligne droite; on dit alors qu'il est *rectiligne*. Mais si au contraire les forces ou impulsions diverses auxquelles le corps est soumis changent constamment et à chaque instant de direction, le mouvement se fait en ligne courbe : on dit alors qu'il est *curviligne*.

Pour mieux concevoir ce mouvement, servons-nous d'une figure (voir *fig*. 3o) : Soit
AB la direction d'une force qui donne une
impulsion à un mobile; celui-ci parcourra
uniformément cette ligne, si aucune cause
n'altère son mouvement (je dis *uniformément*, car je suppose que la force donne simplement une impulsion au mobile et le laisse
aller ensuite). Mais supposons que, parvenu au
point B, le mobile soit soumis à l'action d'une
autre force qui lui communique dans le sens
BD une nouvelle impulsion ; en formant le parallélogramme BCED sur les parties BC, BD,
dont les longueurs correspondent aux vitesses imprimées, le corps décrira la diagonale BE. Si de même au point E le mobile
reçoit encore une impulsion suivant GE, il
parcourra EF ; et ainsi de suite. On voit
donc qu'il parcourra le polygone ABEF;
mais si l'on suppose que les intervalles de
temps qui séparent ces diverses impulsions,
sont plus courts, les côtés du polygone seront plus petits ; et enfin si les impulsions
se succèdent à des instans infiniment rapprochés, les côtés du polygone seront infiniment petits et se réduiront à des points ;
leur ensemble formera une courbe ; le mobile
sera doué d'un mouvement *curviligne*.

Lorsque le mobile se meut sur le côté EF,
si aucune force ne vient plus altérer son mouvement, il continuera suivant la direction
EF. Or, lorsqu'on suppose les intervalles
d'impulsion infiniment rapprochés, auquel

cas le mouvement se fait sur une courbe, la direction EF est une *tangente* à cette courbe. (Voyez la GÉOMÉTRIE pour la signification du mot tangente.) Par conséquent, lorsqu'un mobile décrit une courbe, si à un instant quelconque l'action des forces cesse d'agir tout à coup, le mobile doit parcourir la tangente à cette courbe, en partant du point où les forces ont cessé d'agir sur lui. La *vitesse du* mobile à un instant quelconque du mouvement, est l'espace parcouru par le mobile dans l'unité de temps qui suit la suppression des forces. Cet espace, d'après ce que je viens de dire tout à l'heure, sera décrit sur la tangente à la courbe et à partir du point où les forces ont cessé d'agir.

La courbe sur laquelle se meut ainsi un corps s'appelle *trajectoire.*

La pesanteur agissant constamment sur les corps pour les faire tomber à la surface de la terre, il s'ensuit que si une pierre est lancée avec une certaine impulsion, la pesanteur vient à chaque instant contrarier la vitesse d'impulsion; de sorte que le corps soumis ainsi à la vitesse d'impulsion et à l'action constante de la pesanteur décrit une courbe. Le calcul montre que cette courbe serait dans le vide une *parabole*, c'est-à-dire une courbe qui aurait la forme indiquée *fig.* 31. Lorsqu'on lance un corps en l'air, comme ce fluide oppose lui-même une résistance au mouvement du mobile (cette résistance est signalée par le sifflement de la balle de fusil, par

l'espèce de cri prolongé du boulet de canon,
etc.), il s'ensuit que dans l'air, la courbe décrite par le mobile qu'on y lance est une
courbe compliquée dont il est inutile de parler ici.

### DES FORCES CENTRALES.

Les forces centrales, c'est-à-dire, les forces
qui attirent les corps vers un centre fixe,
jouent un rôle immense dans les grands phénomènes que présentent les mouvemens des
planètes; elles se représentent souvent aussi
dans les phénomènes que nous observons à la
surface de la terre. La pesanteur, par exemple,
est une force *centrale* puisqu'elle attire les
corps vers le *centre* de la terre; ce qui les
fait tous tomber à la surface de cette planète.

La pesanteur n'est qu'un cas particulier
de la *gravitation universelle* découverte par
Newton, et en vertu de laquelle *tous les
corps s'attirent en raison directe des masses,
et en raison inverse du carré de la distance.*
(Voyez l'Astronomie.)

Le soleil est placé comme un centre fixe
dans notre système planétaire; les planètes
sont attirées par lui d'après la loi que je viens
d'indiquer: elles se meuvent donc toutes autour du soleil en décrivant une courbe (c'est
une ellipse ou ovale), en vertu de cette attraction même et de la vitesse primitive
d'impulsion qu'elles ont reçue. Ce mouvement n'a point été altéré depuis qu'il existe;
il se conserve toujours le même.

## DE LA FORCE CENTRIFUGE.

Nous avons dit, en traitant du mouvement curviligne, que lorsqu'un corps se meut sur une courbe, c'est en vertu d'une force sans cesse agissante, et qui le contraint à chaque instant à dévier de la direction en ligne droite qu'il prendrait si cette force cessait d'agir : il résulte de cette contrainte même qu'éprouve le corps dans son mouvement, une pression contre la courbe. Cette pression s'appelle *force centrifuge.*

Pour rendre ceci clair, servons-nous d'une figure ( voir *fig.* 32 ) :

Supposons qu'un mobile A soit attaché par un fil à un point fixe B, et qu'on applique au mobile A une force AF, perpendiculaire à la direction du fil, qu'on le pousse avec le doigt, par exemple, il est clair que sans le fil AB, le corps A suivrait la direction AF de la force qui lui est appliquée ; mais la résistance du fil s'y oppose, et le corps sera contraint, par cette résistance continuelle, de se mouvoir dans un cercle. De cette contrainte résultera une pression du mobile dans le sens perpendiculaire au cercle ; c'est la *force centrifuge* (qui fuit le centre). Cette pression sera contrebalancée par la résistance du fil ; résistance qui portera dans ce cas le nom de force *centripète* ; parce qu'elle tend toujours à ramener le mobile vers le centre B.

Si à un instant quelconque le fil se brisait, le mobile continuerait son mouvement, non plus suivant le cercle, mais suivant la tangente au point où le fil serait brisé. Si le fil se brisait au point A, la ligne AF représenterait la *tangente* en question.

La fronde offre un très-bon moyen de sentir la force centrifuge : si on place une pierre sur une corde, et qu'on la fasse tourner, on sent que la pierre tire d'autant plus la corde que le mouvement de rotation devient lui-même plus rapide. Si à un instant quelconque on lâche la corde, la pierre s'échappe dans la direction de la tangente au cercle qu'elle décrivait.

Lorsqu'on fait tourner une roue de voiture autour de l'essieu, les diverses molécules matérielles sont soumises à l'action de la force centrifuge, et tendent toutes à s'échapper, suivant des tangentes à leurs cercles de rotation ; la cohésion qui unit les molécules matérielles s'oppose à cette tendance ; mais si, lorsque la roue tourne rapidement, on y verse de l'eau, on voit les gouttelettes s'échapper suivant des lignes droites qui touchent la surface de la roue, suivant des tangentes. En un mot, on observe la même chose en versant des gouttes d'eau sur une toupie ou sabot lorsqu'il tourne.

La force centrifuge augmente avec la masse et la vitesse du corps soumis au mouvement de rotation.

La force centrifuge a de l'influence sur la pesanteur dans les différentes parties de la surface terrestre. Pour concevoir cet effet, il faut se souvenir que la terre tourne sur elle-même en vingt-quatre heures ; ce mouvement se fait absolument comme si la terre tournait autour d'une ligne , l'axe de la terre , dont les extrémités forment les deux pôles. L'axe terrestre est incliné sur l'ellipse que parcourt le globe , comme la figure 33 l'indique.

Tous les points de la surface terrestre décrivent , dans le même temps , des cercles dont le rayon va en décroissant de l'équateur aux pôles. Plus le cercle décrit par chaque point est considérable , plus ce point a de vitesse et plus , par conséquent , est grande la force centrifuge à laquelle il est soumis. Elle tend à éloigner ce point du centre de la terre, et agit ainsi en sens inverse de la pesanteur dont elle diminue l'énergie.

Aux pôles qui sont immobiles la force centrifuge est nulle ; et comme les rayons des cercles décrits par chaque point vont croissant à mesure qu'on s'approche de l'équateur , il s'ensuit que la force centrifuge va croissant elle-même du pôle à l'équateur ; à l'équateur elle est la plus grande possible.

Voici maintenant un résultat curieux : à l'équateur, la force centrifuge est $\frac{1}{289}$ de la pesanteur. Comme la force centrifuge croît proportionnellement au carré de la vitesse, si la terre tournait dix-sept fois plus vite , elle deviendrait à l'équateur,

$$\frac{1}{289} \times 17 \text{ carrés ou } \frac{1}{289} \times 17 \times 17 = \frac{289}{289} \text{ ou } 1,$$

c'est-à-dire égale à la pesanteur , puisqu'elle forme l'unité par rapport à laquelle la fraction $\frac{1}{289}$ est prise. Alors, à l'équateur les corps ne tomberaient pas à la surface de la terre, puisque la force centrifuge qui tend à les éloigner du centre de la terre, serait égale et opposée à la pesanteur qui les y attire ; et ceux qui seraient lancés verticalement, sortiraient du système terrestre ; car à mesure qu'ils s'élèveraient, la force centrifuge augmentant et la pesanteur diminuant, ils ne pourraient point retomber.

On attribue en général à l'action de la force centrifuge la forme de la terre, et celle des autres corps célestes, qui tous sont comme elle, renflés vers leur équateur, et aplatis vers leurs pôles. Il est vrai que pour cela il faut admettre que ces différens corps ont été primitivement à l'état liquide par une énorme chaleur capable de fondre même les pierres les plus réfractaires (les moins fusibles). Tout concourt à démontrer que cet état a réellement existé et existe encore à une certaine profondeur ; alors la force centrifuge s'exerçant avec plus d'énergie à l'équateur, a dû y déterminer l'accumulation d'une plus grande quantité de matière. On fait dans les cabinets de physique des expériences qui vérifient cette explication de la forme terrestre.

Le plus grand diamètre de la terre est de 12,755,968 mètres (environ 3,000 lieues de 2,000 toises, ce qui fait 9,000 lieues de tour), et le plus petit, de 12,712,648 mètres ; la différence est de 41,320 mètres.

Au moyen du calcul, on prouve que si tous les points d'une masse sphérique homogène, ou composée de couches concentriques (qui ont le même centre de cercles) homogènes, attirent un point extérieur en raison inverse du carré de la distance, cette masse agit comme si elle était concentrée à son centre ; de sorte que, si le point est libre d'obéir à cette attraction, il se mouvra suivant une droite dont le prolongement ira passer par le centre de la sphère.

Ceci s'applique à la terre sans erreur sensible ; car, bien que la terre ne présente pas une forme sphérique parfaite, que sa surface soit couverte de nombreuses inégalités ; bien qu'il soit probable qu'elle n'est pas composée de couches concentriques homogènes, cependant toutes ces irrégularités sont peu considérables, et la terre agit comme si sa masse était réunie à son centre ; par conséquent, la direction de la chute des corps étant prolongée doit passer par le centre de la terre ; c'est pourquoi nous avons dit en commençant que la *verticale*, ou direction de la pesanteur, passait par le centre de la terre.

### DU PENDULE.

Ou appelle *pendule* un corps solide quelconque, suspendu à l'extrémité d'un fil, et qui peut se mouvoir librement autour d'un centre fixe.

Il est clair que pour que le corps solide A (*fig.* 34), suspendu au fil CA, soit en équi-

libre , il faut que le fil soit dans la position
verticale. Mais supposons que l'on dérange
le corps de cette position , et qu'on le mette
dans la position A', aussitôt la pesanteur P
agira sur le corps solide et le forcera de redescendre ; or, à mesure que cela se fait , il acquiert de la vitesse , et lorsqu'il sera arrivé à
sa position première A , il la dépassera en vertu
de sa vitesse acquise, et remontera de l'autre
côté en A" autant qu'on l'avait élevé en A'.
Arrivé à cette position A", toute sa vitesse
sera anéantie , et la pesanteur le forcera de
redescendre ; il acquerra encore une vitesse
qui lui fera dépasser la position A , le fera
remonter en A', ou peut-être un peu moins
haut à cause de la résistance de l'air. Ces allées et venues à droite et à gauche de CA ,
s'appellent *oscillations* du pendule. Elles
s'arrêtent au bout d'un certain temps, à cause
de la résistance de l'air et du frottement du
fil contre le point fixe. Mais ce qu'il y a de
remarquable , c'est que ces oscillations sont
*isochrones* ( se font dans le même temps ),
quoique différentes de longueur , pourvu
qu'elles soient petites. Pour s'en assurer , il
suffit de mettre en mouvement un pendule
isolé , et de compter le nombre des oscillations pendant un certain nombre de minutes
au commencement du mouvement ; puis , de
compter encore le nombre d'oscillations pendant le même nombre de minutes, à la fin du
mouvement , lorsque les oscillations sont de-
venues plus petites qu'au commencement :

on trouve que les oscillations sont en même nombre dans les deux cas. Ce fait constate non-seulement l'*isochronisme* pour les petites oscillations, mais il prouve encore que la résistance de l'air est sans influence sur la durée des oscillations. Ce résultat doit paraître singulier, mais voici comment on l'explique : la résistance de l'air augmente la durée de la demi-oscillation descendante, autant qu'elle diminue celle de la demi-oscillation ascendante. Ainsi, par exemple, quand le mobile descend de A' au point A, cette demi-oscillation est retardée par l'air autant que la demi-oscillation de A en A'' est diminuée. Les durées des oscillations d'un pendule augmentent avec la longueur de celui-ci. La longueur du pendule qui bat la seconde, c'est-à-dire dont la durée d'oscillation est une seconde, est de 3 pieds 8 lignes 57 centièmes de ligne, ou d'après les mesures métriques, de 993 millimètres 82 centièmes de millimètres.

C'est la pesanteur qui cause les oscillations du pendule ; et l'on comprend, sans entrer dans tous les détails que comporte un tel sujet, que le pendule doit servir à faire une foule d'expériences sur la pesanteur. Ainsi, c'est avec lui qu'on vérifie que la pesanteur sollicite également les particules matérielles des différens corps de la nature ; que la pesanteur va croissant à mesure qu'on s'approche du pôle, et qu'elle est la plus faible à l'équateur, etc. Ce dernier résultat

n'a rien d'étonnant, si l'on se rappelle, outre
ce qui a été dit sur la force centrifuge, que
la terre attire comme si toute sa matière était
ramassée au centre. Là distance du centre
au pôle étant plus petite que celle du centre
à l'équateur d'environ 20.000 mètres, le corps
doit être plus attiré par la pesanteur au pôle
qu'à l'équateur, puisqu'il est plus près du
centre d'attraction dans le premier cas que
dans le second.

Nous avons dit que les petites oscillations
du pendule sont isochrones, c'est-à-dire ont la
même durée ; de là résulte l'application du
pendule à la régularisation de la marche des
différens rouages qui composent une horloge.

Dans toutes les horloges , le mouvement
est produit par la chute d'un poids ou le débandement d'un ressort ; mais si l'effort du
poids n'était régularisé dans sa chute par
rien , on n'aurait qu'un mouvement accéléré
et très-court , au lieu d'un mouvement lent
et régulier. Pour bien comprendre la fonc-
tion du pendule , imaginons que la corde à
laquelle est suspendu le poids de l'horloge
s'enroule autour d'un cylindre, et supposons
que ce cylindre communique, par une série
de roues dentées et de pignons , à une dernière roue dentée représentée dans la *fig.* 35.
Imaginons qu'à côté de cette roue soit placé
un pendule AB , garni d'une pièce *ab* qu'on
appelle *échappement* , tellement disposée
que, dans les oscillatious successives du pendule , une dent de la roue s'échappe succes-

sivement. Il est clair que , quoique le poids tende à faire tourner la roue dentée d'une manière continue et avec un mouvement accéléré, elle ne tournera cependant qu'après des temps égaux , et d'une même quantité chaque fois. La pression que les dents de la roue exerceront contre l'échappement , perpétuera les mouvemens du pendule., de sorte qu'il marchera régulièrement , et par suite fera marcher régulièrement l'horloge elle-même , jusqu'à ce que la force motrice soit épuisée, c'est-à-dire jusqu'à ce que le poids soit au bas de sa course, ou que le ressort (si un ressort remplace le poids) soit complétement débandé. Imaginons que le pendule batte la seconde , et que la roue d'échappement communique, soit directement, soit par d'autres roues dentées, à une roue dentée dont l'axe porte une aiguille qui parcoure un cadran. En admettant que chaque mouvement de la roue d'échappement fasse tourner la dernière dont je viens de parler, de la 6o.° partie de la circonférence, l'aiguille marquera les minutes. La roue dentée portant aussi une aiguille , dont le mouvement sera douze fois moins rapide que celui de la roue précédente , servira à marquer les heures.

Le pendule se termine en lentille, parce que c'est la forme la plus convenable pour fendre l'air , et n'en éprouver qu'une résistance insensible.

Dans les montres , la force motrice est le débandement d'un ressort; voyons en outre comment l'ensemble des rouages mus par ce ressort est régularisé dans sa marche. Le mouvement occasionné par le débandement du ressort se communique à une roue dentée représentée (*fig.* 36) : elle tourne autour d'un axe horizontal, et s'appelle roue de *rencontre*. Une tige placée à côté porte deux palettes alternes, P, P, qui engrènent tour à tour dans les dents de la roue de *rencontre* ; car, comme elle porte un nombre impair de dents, chacune est diamétralement opposée à un *entre-dent*; de sorte que les deux palettes ne peuvent être à la fois rencontrées. La tige qui les soutient porte une roue AB non dentée, qu'on appelle *balancier*. Cette roue reçoit donc son mouvement de la roue de rencontre, et elle oscille (c'est-à-dire va et vient) à l'aide d'un petit ressort spiral *hl*, dont l'une des extrémités est fixée en *h* aux platines, tandis que l'autre l'est à la tige du balancier en *l*. Ce spiral, en se roulant et en se développant alternativement remplace le pendule : de sorte que la roue de rencontre avance d'une dent pour chaque allée et venue du balancier. La rapidité du mouvement dépend de la longueur du filet spirale *hl*, et on l'augmente ou la diminue en raccourcissant ou alongeant ce filet ; ce qui se pratique à l'aide d'un *arrêt* disposé à cet effet.

# CHAPITRE III.

## DU CHOC DES CORPS.

Les phénomènes du choc dépendent de la

nature des corps : ceux-ci sont ou compressibles sans élasticité, ou compressibles avec élasticité. Les corps compressibles sans élasticité s'appellent corps durs ou corps ductiles ; ceux qui sont compressibles avec élasticité s'appellent simplement corps élastiques. Examinons successivement le choc de ces deux espèces de corps.

### CHOC DES CORPS DURS.

Nous nous bornerons au cas où les corps choqués sont deux sphères homogènes, dont nous supposerons les centres placés sur une ligne droite (*fig.* 37).

Concevons que ces sphères se meuvent dans le même sens, non d'un mouvement de rotation, mais d'un simple mouvement de translation, et que l'une B aille choquer l'autre B' : à l'instant du choc, B pressera B' avec une énergie représentée par la différence des quantités de mouvement des deux boules, et cette pression cessera aussitôt qu'elle se sera répartie uniformément dans leur ensemble : d'ailleurs elles resteront toujours en contact et se mouvront avec une quantité de mouvement égale à la somme de celles des deux boules avant le choc. La vitesse commune sera égale à cette somme divisée par la masse des deux boules, ce qui montre que cette vitesse est toujours intermédiaire entre celle des deux boules avant le choc.

Supposons, comme exemple, que l'une des boules ait une masse représentée par 6 et l'autre une masse représentée par 2 ; que la vitesse de la première soit 8 et la vitesse de la seconde 4, les quantités de mouvement seront 6×8, ou 48 pour la première boule, et 4×2 ou 8 pour la seconde. Après le choc, les deux boules resteront unies avec une quantité de mouvement représentée par 48+8 ou 56, et la vitesse de l'ensemble sera égale à 56 divisé par 8 (somme des deux masses réunies). Cette vitesse sera donc 7.

Concevons à présent que les deux boules aillent en sens contraire, et qu'elles se choquent ; elles se comprimeront mutuellement jusqu'à ce que la plus petite quantité de mouvement soit détruite par la plus grande. Alors les deux boules ne formeront qu'une même masse, dont la quantité de mouvement sera la différence entre les deux quantités de mouvement avant le choc ; la vitesse de l'ensemble s'obtiendra en divisant cette différence par la somme des masses. Dans ce cas, la vitesse après le choc est plus petite que chacune des vitesses des sphères avant le choc.

En supposant, comme tout-à-l'heure, que les deux boules aient pour masses, l'une 6 et l'autre 2, et pour vitesses la première 8 et la seconde 4, ce qui donne pour les quantités de mouvement 48 pour la première et 8 pour la seconde, on verra qu'après le choc les deux boules resteront unis avec une quantité de mouvement représentée par la différence des nombres 48 moins 8, c'est-à-dire 40, et auront pour vitesse le quotient de la division de 40 par 8 (somme des masses). Cette vitesse sera donc 5.

## CHOC DES CORPS ÉLASTIQUES.

On dit qu'un corps est parfaitement élastique, lorsque venant à choquer un plan de marbre, par exemple, dans une direction perpendiculaire à ce plan, il reprend, en rebondissant, une vitesse égale à celle qu'il avait d'abord. Si le corps n'est pas parfaitement élastique, la vitesse qu'il prend en sens contraire après avoir frappé le plan, est moindre qu'avant le choc.

Lorsqu'un corps élastique frappe un plan dans une direction oblique, il est réfléchi (renvoyé) par le plan, de telle sorte que l'angle *d'incidence* est égal à l'angle de *réflexion* ; ce qui signifie en d'autres termes qu'il se relève après le choc, en suivant une direction qui fait avec le plan un angle égal à l'angle que faisait avec le même plan la direction qu'il a suivie pour venir le frapper.

La figure (38) montre les trois positions de la boule, d'ivoire par exemple, qui vient choquer un plan de marbre AB. A droite, elle court frapper le plan ; au milieu, elle frappe pour se relever bientôt et se réfléchir à gauche.

Ce phénomène se présente à chaque instant dans le jeu de billard, et les meilleurs joueurs sont ceux qui savent combiner tous leurs coups de manière à observer sans cesse les lois qui régissent les corps élastiques.

Le choc des corps élastiques offre des résultats tout-à-fait différens de ceux que présente le choc des corps durs ; la raison en est que nous avons de plus ici la force de ressort ou d'élasticité. Par exemple, lorsque deux sphères, dont les centres sont en ligne droite, vont dans le même sens et se rencontrent, il se passe un instant très-court de compression, absolument comme dans les corps durs; mais bientôt le ressort et l'élasticité des corps agissant, l'une des deux boules, celle qui avait la vitesse moindre, est pressée par le ressort de l'autre dans le sens même du mouvement, tandis que celle-ci est pressée par le ressort de la première en sens contraire du mouvement ; en sorte que la boule dont la vitesse est moindre a cette même vitesse augmentée par deux causes : d'abord par le choc de l'autre boule, et puis encore par l'élasticité de cette même boule ; au contraire, la boule dont la vitesse est la plus grande a cette même vitesse diminuée d'abord par le choc, puis par la force de ressort de la première boule.

Si les sphères se meuvent en sens contraire, il y aura un instant extrêmement court de compression, durant lequel la plus petite quantité de mouvement sera détruite; mais immédiatement après, la force de ressort agira encore de la part de chacun des corps sur l'autre, pour lui faire rebrousser chemin : tantôt les deux corps rebrousseront chemin, tantôt un seul, suivant les masses et les vitesses.

Si les deux sphères ont des masses égales, et que l'une d'elles soit en repos, cette dernière prend après le choc la vitesse de la première, et celle-ci reste en repos. C'est ce qu'on observe fréquemment au jeu de billard.

Lorsqu'un projectile lancé avec une certaine force rencontre un corps d'une grande étendue, mais de peu d'épaisseur, si la vitesse du projectile est peu considérable, la pression éprouvée par les parties situées sur le chemin du projectile se transmettra aux parties voisines, et le corps sera brisé sur une grande étendue. Mais si la vitesse du mobile est très-grande, la pression ne pourra se transmettre qu'à une très-petite distance, pendant le temps que le projectile traverse le corps, et par conséquent ce dernier ne sera brisé que sur le chemin du projectile. C'est ainsi, par exemple, qu'un boulet de canon, à demi-portée, traverse un navire en ne faisant qu'une très-petite ouverture ; tandis que, à une distance plus considérable, sa vitesse étant plus petite, il déchire les flancs du navire sur une surface plus ou moins étendue. C'est ainsi encore qu'une balle tirée à une petite distance dans une vitre, la traverse en ne faisant qu'un trou circulaire, et la brise en totalité si la distance est assez considérable. C'est par la même raison qu'il arrive souvent que la partie supérieure du fusil d'un fantassin est emportée par un boulet sans qu'il s'en aperçoive, que l'on peut tirer à balle dans une porte ouverte très-mobile, sans la mettre en mouvement.

## CAUSES QUI NUISENT AU MOUVEMENT EN GÉNÉRAL.

La pesanteur est une des sources où l'industrie va puiser de la force ; mais elle est aussi une des causes de perte de mouvement, soit quand elle sert elle-même de cause motrice, soit quand on se sert de tout autre moteur.

Il est impossible d'abord qu'agissant seule elle puisse imprimer au mouvement qu'elle produit une direction différente de celle qu'elle prend elle-même dans son action : un corps isolé soumis à l'action de la pesanteur, tombe directement de haut en bas ; mais ce mouvement de haut en bas est loin de suffire aux besoins de la mécanique industrielle, et toutes les fois qu'on veut obtenir une autre direction de mouvement dans la *masse motrice* qu'anime la pesanteur, il faut la placer sur un plan plus ou moins incliné, et perdre du mouvement par ce fait seul, attendu qu'au moyen du plan incliné, une portion de la pesanteur est détruite.

Ensuite si l'on veut transmettre du mouvement à un corps quelconque, il faut qu'il soit supporté ; la résistance qu'il présentera à l'action motrice sera d'autant plus grande qu'il sera plus pesant. L'on a donc à lutter ainsi contre les efforts de la pesanteur : il y a perte du mouvement toutes les fois qu'on la contrarie dans son action naturelle de haut en bas.

Les corps se meuvent toujours sur d'autres corps ; et ceci produit le *frottement* dont nous avons déjà parlé , et qui est une des grandes causes qui nuisent au mouvement.

Une autre cause puissante de perte de mouvement est ce qu'on nomme *la résistance des milieux*.

On entend ici par *milieux* les fluides dans lesquels les corps sont ou peuvent être plongés. Les corps sont , comme on sait , tous plongés dans l'air à la surface de la terre , et doivent inévitablement s'y mouvoir. Dans certaines opérations mécaniques, ils se meuvent dans l'eau , ou même dans quelque autre liquide plus ou moins dense.

Or, ces fluides devant être déplacés, chassés à chaque instant par les corps , par les machines qui s'y meuvent, présentent manifestement une résistance qui diminue peu à peu le mouvement et tend à l'anéantir ; sans aucune utilité pour le travail que le moteur doit exécuter. Cette résistance augmente :

1° En raison de la densité du milieu dans lequel le corps se meut. Ainsi, comme l'eau est huit cents fois plus dense que l'air, une machine qui se mouvrait dans l'eau aurait à vaincre une résistance huit cents fois plus considérable que dans l'air.

2°. En raison de la surface du corps qui se meut en déplaçant les fluides; car plus il a de surface , plus dans son passage il heurte de particules matérielles auxquelles il doit nécessairement communiquer une portion de son mouvement ; ce qui ne peut être qu'au détriment du moteur.

3°. Enfin , la *résistance des milieux* est d'autant plus grande que la machine va plus vite. L'expérience nous a appris qu'elle croît comme le *carré de la vitesse*. En effet, si les pièces d'une machine ont une *vitesse double*, elles rencontrent dans le même temps le double des particules matérielles qu'elles doivent déplacer : voilà déjà une résistance double. Mais avec cette *vitesse double* , ces pièces ont une quantité de mouvement *double*, avec laquelle elles heurtent le fluide qui réagit sur elles avec une force double. La résistance est donc évidemment rendue 4 fois plus grande ( 4 est le carré de 2 ) ; ainsi pour la vitesse 2 , la résistance des milieux est 4 ; pour une vitesse 3 , la résistance des milieux serait 9 (9 est le carré de 3) ; et ainsi de suite. En raison de ce principe, la résistance qu'une roue hydraulique éprouve de la part de l'eau dans laquelle elle est naturellement plongée, croît comme le carré de sa vitesse ; et si, par une disposition quelconque, on doublait sa vitesse , l'eau lui résisterait , s'opposerait à son mouvement *quatre fois plus*.

Il faut remarquer en outre que si un corps se meut dans un fluide déjà animé d'une vitesse *égale à la sienne*, et dans le même sens, la résistance est dans ce cas nulle ; que si le fluide est animé d'une vitesse *plus grande* dans le même sens, le corps gagne du mouvement : c'est une impulsion nouvelle qui

s'exerce sur celui-ci. S'il en avait plus que
le fluide, il perdrait moins que dans un fluide
en repos , mais il perdrait toujours. Il perdrait encore davantage , s'il se mouvait en
sens contraire du fluide animé , d'une vitesse quelconque ; car non-seulement il devrait vaincre la résistance ordinaire du milieu , mais encore la quantité de mouvement
que celui-ci posséderait et lui opposerait.

# LIVRE TROISIÈME.

### HYDROSTATIQUE.

L'hydrostatique repose sur un principe
fondamental , posé par d'Alembert, savoir :
*l'égalité de pression dans les fluides.* Pour
bien comprendre ce que cela signifie , imaginons une masse fluide qui ne soit soumise
à aucune force, pas même à la pesanteur ;
alors voilà en quoi consiste le principe de
l'égalité de pression : *Lorsqu'un fluide est
renfermé dans un vase , si on lui applique
une pression, elle se distribue également et
en tout sens dans toute la masse , de sorte
que les parois du vase seront également
pressées.*

Ainsi, je suppose une masse fluide renfermée dans un vase, comme cela est indiqué
(*fig.* 39) : ce sera ou de l'air ou de l'eau ; en un
mot , un liquide quelconque ou un gaz quelconque. Si j'enlève une certaine portion *ab*
de la paroi du vase, et que je la remplace par

un piston P, auquel je communique une pression ; cette pression se répandra partout égalelement dans la masse liquide et contre les parois du vase , de telle sorte que si l'on enlevait sur une partie quelconque de la paroi du
vase une portion $a'b'$ égale à $ab$, il faudrait
pour que le liquide ne s'échappât pas , appliquer sur $a'b'$ un piston P' que l'on presserait absolument comme le premier P.

Si nous rendons au fluide la pesanteur dont
nous l'avions privé par supposition, la pression se transmettra bien encore de la même
manière; seulement il faudra ajouter à cette
pression, en une portion quelconque de la
paroi , celle qu'exerce la pesanteur des particules supérieures sur cette portion de paroi.

### ÉQUILIBRE DES LIQUIDES PESANS.

Pour qu'un liquide sollicité par la pesanteur , c'est-à-dire un liquide pesant , soit en
repos, en équilibre ; il faut que sa surface soit
horizontale ; et par conséquent la meilleure
manière de connaître la direction horizontale, c'est de prendre la surface d'un liquide
en repos : je suppose ici que le liquide soit
homogène comme de l'eau , du mercure , de
l'huile , etc. S'il en était autrement, c'est-à-
dire si l'on mélangeait ensemble des liquides qui n'eussent les uns pour les autres aucune affinité chimique , comme , par exemple , le mercure, l'eau et l'huile, il faudrait,
pour que ces liquides fussent en équilibre ,
qu'ils se superposassent dans l'ordre des deu

sités. Ainsi, le mercure qui est le plus dense se placerait au fond du vase, et serait terminé par une surface horizontale; puis viendrait l'eau, terminée de même, et enfin l'huile.



Le calcul démontre que la pression exercée par un liquide en équilibre dans un vase sur le fond de ce vase, ne dépend que de la surface de ce fond, et de la hauteur du liquide qui se trouve au-dessus.

Je suppose que les trois vases indiqués (*fig.* 40), contiennent de l'eau à la même hauteur, leur paroi inférieure ayant la même étendue AB; dans ce cas, il est certain, quoique la proposition paraisse extraordinaire au premier abord, que les trois fonds sont également pressés. Cette pression est égale au poids de l'eau renfermée dans le premier vase dont la forme est cylindrique; et pour donner une formule générale de cette pression, nous dirons que : *quelle que soit la forme du vase, la pression supportée par le fond est égale au poids du cylindre d'eau qui aurait pour base ou fond, le fond du vase, et pour hauteur celle du liquide au-dessus du fond.*

De là il résulte que la pression supportée par le second vase est moindre que le poids du liquide qu'il contient, et qu'au contraire celle supportée par le troisième vase est plus grande que le poids du liquide qui s'y trouve.

Il résulte aussi du principe précédent , que si un vase de la forme indiquée dans la figure 41 est rempli de liquide , d'eau par exemple , la pression supportée par le fond AB sera égale au poids d'une colonne de liquide qui aurait pour base AB, et pour hauteur toute la hauteur du liquide au-dessus de ce fond. Cela aurait lieu lors même que la mince colonne d'eau serait rétrécie de manière à n'avoir pas plus de grosseur qu'un cheveu.

On peut se rendre compte de ce phénomène comme il suit. Si nous considérons la partie *ab* de la base dont la largeur est égale à celle de la petite colonne située au-dessus , il est clair qu'elle est pressée par tout le poids de l'eau renfermée dans cette colonne ; par conséquent, en vertu de l'égalité de pression dans une masse fluide en équilibre , il faut que toutes les parties de la grande base égales à *ab* soient pressées comme *ab*. Ainsi tout AB sera pressé par la réunion de ces colonnes liquides, qui forment ensemble une colonne qui aurait pour base AB.

On se convaincra de même que les parties CI et EF de la paroi supérieure du vase seront pressées de bas en haut, comme si elles étaient soulevées chacune par une colonne d'eau égale en hauteur à HI , et ayant pour base d'une part CI , et de l'autre EF.

En s'appuyant sur ces principes , on fait une expérience assez curieuse , et qui est représentée dans la figure 42. On place au-dessus d'un tonneau un tube droit, **long et mince.** Il est adapté au tonneau de manière que l'eau ne s'échappe pas lorsqu'ou en verse dans cet appareil. Quand le tube se trouve rempli, la pression est telle que la paroi supérieure du tonneau est brisée. La paroi inférieure le serait à plus forte raison, si elle n'appuyait pas contre le sol. Il est facile de voir que le défoncement du tonneau vient de ce que la paroi supérieure éprouve de bas en haut la pression d'une colonne d'eau, qui aurait pour base cette paroi, et pour hauteur celle du tube. Lorsqu'il a 25 ou 3o pieds, cette pression est énorme : la paroi inférieure supporte cette pression, plus le poids de l'eau que renferme le tonneau.

Nous avons examiné jusqu'ici les pressions exercées contre le fond des vases ; voyons maintenant les pressions exercées contre les parois de côté ou parois latérales.

Soit un vase (*fig.* 43) rempli d'eau, par exemple, et voyons comment les points A, A' opposés sur les parois latérales et à égale distance du niveau, sont pressés. Si nous considérons la tranche liquide AA', parallèle à la surface de niveau, il est clair que tous les points de cette tranche sont soumis à la même pression ; ainsi les points A et A' sont pressés comme le point B ; celui-ci supporte la pression de toute la file de molécules placées au-dessus, par conséquent les points A et A' communiqueront aux parois, chacun une pression égale à celle que supporte le point B ;

et comme ces pressions s'exercent de dedans
en dehors du vase, elles seront opposées de
direction, et se détruiront : il en sera de
même pour tous les points opposés des parois
latérales ; de sorte qu'en somme les parois
latérales supportent de la part du liquide des
pressions horizontales qui tendent à pousser
le vase, mais qui se détruisent, parce qu'elles
sont égales et opposées ; et cela a lieu quelle
que soit la forme du vase.

Chaque point du vase est pressé, et résiste
d'autant plus qu'il est plus éloigné du niveau
du liquide ; et ce n'est que parce que tous les
points des parois latérales peuvent résister
aux pressions qu'ils éprouvent, que ces pressions se détruisent, et que le vase reste en
équilibre. Si une certaine portion de surface latérale est soustraite tout à coup ; ou,
en d'autres termes, si l'on ouvre un orifice
pratiqué sur une paroi latérale, la pression
opposée ne sera plus détruite par celle qui
s'exerçait sur l'orifice, elle pourra agir et ten-
dre à faire marcher le vase de son côté ; si l'on
suspend le vase, il déviera à cause de cette
pression même. Par exemple, si l'on suspend
à une corde un seau rempli d'eau, il se tien-
dra en équilibre dans la position verticale,
mais si l'on ouvre un robinet disposé sur un
côté, le seau déviera vers le côté opposé.

On conçoit que l'on pourrait disposer un
réservoir dans un bateau, de telle sorte
qu'ouvrant le réservoir d'un côté et laissant
l'eau s'écouler dans la mer, la pression exer-

cée du côté opposé fit mouvoir le bateau
en sens contraire de l'écoulement. La force
motrice du bateau dépend de la hauteur de
l'eau au-dessus de l'ouverture par laquelle
elle sort.

Cette force n'a pas encore reçu de grandes
applications dans l'industrie ; mais certainement elle est destinée à y introduire d'im-
portantes améliorations ; et par exemple, elle
ne tardera pas à être d'un grand secours
pour la marche des bateaux à vapeur dont la
pompe à feu servirait principalement à ali-
menter le réservoir dont j'ai parlé.

### ÉQUILIBRE DES LIQUIDES DANS LES VASES COMMUNIQUANS.

Soit un vase (*fig.* 44) communiquant, c'est-
à-dire un vase composé de deux parties communiquant ensemble par un tuyau latéral, et
supposons qu'on y verse de l'eau ou un liquide
quelconque : quand l'équilibre sera établi,
quand le liquide sera en repos, il sera sur le
même niveau dans les deux vases, quelles que
soient d'ailleurs les dimensions de chacun
d'eux.

On peut s'en rendre compte facilement, car
si l'on prend une tranche MM dans la partie latérale, elle doit être également pressée
des deux côtés puisqu'elle est en repos ; or,
les pressions d'un liquide sur une surface
dépendant de la hauteur seulement du liquide, il faut bien que les hauteurs en soient
les mêmes dans les deux tubes communi-

quans, ou, en d'autres termes, que le niveau soit le même dans les deux vases.

On conçoit que si le liquide renfermé dans le petit tube, par exemple, était deux fois aussi dense que celui renfermé dans le gros, il suffirait que la hauteur du liquide dans le petit tube fût la moitié de celle du gros tube ; de même, si une colonne de mercure de 2 pouces est mise en communication avec une colonne d'eau ; comme ce dernier liquide a une densité treize fois et demie moins grande, la colonne d'eau sera treize fois et demie plus haute, c'est-à-dire de 27 pouces. La formule générale est que des liquides de densités différentes, en équilibre dans les vases communiquans, ont des hauteurs en raison inverse des densités.

### NIVEAU D'EAU.

Le niveau d'eau si fréquemment employé pour le nivellement, est fondé sur le principe d'équilibre dans les vases communiquans. (Voyez le *Traité de l'arpentage*.)

### PRESSE HYDRAULIQUE.

Nous savons que l'on peut faire équilibre à une colonne d'eau d'un diamètre aussi grand que l'on voudra, par une autre colonne d'eau de petit diamètre. Supposons que AB et *ab* soient les niveaux du liquide dans les deux branches du vase communiquant (*fig.* 46). La pression que supporte une tranche de liquide CD, est égale en-dessus et en-dessous au poids de la colonne ABCD ; si l'on supprime ABCD, et qu'on la remplace par un cylindre de bois dont la base soit appliquée sur CD, cette base supportera toute la pression de bas en haut que supportait CD.

Cette observation est due à Pascal : cependant elle n'a reçu d'application industrielle que depuis trente ans environ, par le physicien anglais Bramah. Voici comment :

Pour que la base du cylindre de bois éprouve une forte pression de la part du liquide contenu dans le petit tube, il faut que ce dernier ait une grande hauteur, ou bien qu'on y supplée en exerçant sur le niveau *ab* une forte pression, au moyen d'un piston mû par un levier. En vertu du principe de la *transmission des pressions*, celle exercée sur *ab*, se communiquera à la base du cylindre.

Mais la pression étant très-forte, l'eau se fera certainement un passage entre le cylindre et le tube si l'on n'emploie le moyen indiqué par Bramah. Pour empêcher cet inconvénient : on fait donc glisser à frottement une rondelle *r r'* de cuir très-fort et d'une seule pièce, le long du cylindre C (la figure 47, représente la machine comme si on l'avait coupée perpendiculairement de bas en haut, et n'en montre que les parties essentielles). Au moyen d'une manivelle M, on fait arriver de l'eau d'un réservoir auquel communique le petit corps de pompe T : cette eau arrivant, est pressée par l'effort de la manivelle, et par suite, soulève le cylindre C. Plus la pression qu'elle exerce est grande, plus la

rondelle appuie fortement contre lecylindre;
et comme la rondelle est pressée d'un autre
côté par le plan fixe AB, il s'ensuit que l'eau
ne peut en aucune manière s'échapper. Le
cylindre sera donc forcé de glisser dans sa
rondelle (bien huilée pour faciliter ce mouvement); et s'approchera sans cesse du plan
fixe FF. En plaçant du drap, du papier, etc.,
entre le plan fixe et la tête $t\,t'$ du cylindre,
le drap, le papier, pourront être pressés très-
fortement et subir une grande réduction de
volume. La puissance des presses hydrauliques ordinaires est capable de briser une
bûche placée debout entre le plan fixe et la
tête du cylindre.

Plus la base du cylindre sera grande par
rapport à la grosseur du petit tube, plus la
pression exercée sur l'eau de ce dernier se
répétera de fois sur la base du cylindre.

Plus la base du cylindre sera grande par
rapport à la grosseur du petit tube, plus la
pression exercée sur l'eau de ce dernier se
répétera de fois sur la base du cylindre.
Par exemple, supposons que cette base ait
cent fois l'étendue de la base du piston P
qui communique à l'eau la pression de la manivelle; un homme de vigueur ordinaire
peut exercer un effort de 25 kilogrammes.
Cet effort peut être décuplé en donnant au
grand bras de levier de la manivelle dix
fois la longueur du petit. La manivelle donnera dans ce cas au piston une force de pression de 250 kilogrammes qui, répétée cent
fois sur la base du cylindre, le poussera

avec une force égale à 25,000 kilogrammes.
Il y a des presses qui vont jusqu'à trois
cents milliers de livres.

### PRINCIPE D'ARCHIMÈDE.

*Tout corps plongé dans un fluide quel-
conque, est poussé de bas en haut avec une
force précisément égale au poids du volume
du fluide qu'il déplace.*

Archimède a le premier posé ce principe,
voici comment on peut s'en rendre compte :

Imaginons un vase rempli d'eau ou d'air,
(*fig.* 48), et isolons par la pensée une portion
*abcd* de ce fluide. Puisque cette portion reste
en repos, quoique pesante, il faut bien qu'elle
soit soutenue de bas en haut, dans le sens
qu'indique la flèche, par une force équivalente à son poids. Cette force s'appelle la
*poussée* du liquide ou du gaz ; elle existe
toujours, lors même qu'on remplace la portion de fluide *abcd* par un corps *abcd* de
nature différente.

Si ce corps est plus dense que le fluide,
il l'emportera sur la *poussée* (qui est, comme
nous venons de le voir, juste égale au poids
du fluide *abcd* que remplace le corps) et tombera au fond du vase ; si le corps est moins
dense que le fluide, la poussée le soulèvera
jusqu'à ce qu'il déplace une quantité de fluide
seulement égale à son poids.

Ceci explique pourquoi le fer, par exemple,
tombe au fond d'un vase rempli d'eau, et reste
à la surface d'un vase rempli de mercure,
c'est que le fer est plus dense que l'eau, et

moins dense que le mercure. On conçoit de même pourquoi le liége , le bois , etc. , surnagent.

L'explication de l'ascension des ballons repose aussi sur le même principe : ils sont remplis d'un gaz plus léger que l'air ; la poussée de l'air l'emporte sur leur poids , et les force de remonter jusqu'à ce qu'ils arrivent dans des régions d'air dilaté , où leur poids est précisément égal au poids du fluide déplacé ; dans ce cas ils ne montent plus , et resteraient en équilibre s'ils n'étaient soumis à l'action du vent.

L'ascension de la fumée , des vapeurs , etc. , etc. , s'explique encore au moyen du même principe.

# LIVRE QUATRIÈME.

## HYDRODYNAMIQUE.

L'hydrodynamique est une science encore très-obscure. La plupart des phénomènes qui s'y rapportent ont été connus par l'expérience directe ; le calcul en explique une très-faible partie, et encore les explications qu'il donne ne sont pas toujours satisfaisantes.

Lorsqu'un liquide est renfermé dans un vase, il exerce contre les parois des pressions qui leur sont perpendiculaires ; et quand on perce la paroi, le liquide s'écoule avec une vitesse qui dépend de la hauteur du niveau du liquide au-dessus de l'ouverture : si le li-

6.

quide était en équilibre avant l'écoulement,
sa vitesse, à l'instant où il passe par l'ouverture, est précisément égale à celle d'un corps
solide qui tomberait de la hauteur du niveau.

Pendant la durée de l'écoulement, les tran-
ches du liquide descendent en conservant
leur parallélisme : seulement à une petite
distance de l'ouverture, elles se courbent
vers l'orifice, et la veine fluide qui sort est
*contractée;* mais bientôt elle s'élargit, et la
résistance de l'air la divise en une foule de
filets. (Voir *fig.* 49.)

*Écoulement par des tuyaux additionnels.*

Quand on place un ajutage (petit tuyau
additionnel) sur l'orifice (ouverture) par
où se fait l'écoulement, il peut arriver que
la veine passe dans l'ajutage sans le toucher;
alors l'ajutage ne modifie, ne change en rien
la veine ni la dépense (la dépense est la
quantité d'eau qui s'écoule par l'orifice dans
l'unité de temps); il peut également arriver
que la veine adhère à l'ajutage: alors l'écoulement se fait à plein tuyau. Quand l'écoulement a lieu à plein tuyau, et que l'ajutage
est cylindrique, si sa longueur n'excède pas
quatre fois son diamètre, la dépense est augmentée dans le rapport de 133 à 100. La fig. 50
se rapporte au cas de l'ajutage cylindrique.

Lorsque l'ajutage est conique, on peut
obtenir encore une plus grande dépense,
pourvu que le liquide sorte à plein tuyau.
La disposition qui paraît la plus favorable
est celle indiquée fig. 51. L'ajutage est formé

de deux troncs de cône ayant même axe : le premier a la forme de la veine; la hauteur ( c'est la distance des deux bases ) du second est égale à trois fois celle du premier, et l'ouverture *mn* du premier est les 7/8ᵉˢ de l'ouverture *pq* du second. La dépense produite par cet ajutage est à celle qui aurait lieu par un orifice à minces bords, toutes choses égales d'ailleurs, comme 3 à 2.

L'unité de mesure, pour les eaux courantes est connue sous le nom de *pouce de fontainier* ou *pouce d'eau*. C'est la quantité d'eau qui coule en une minute par un orifice circulaire d'un pouce de diamètre, percé dans une paroi verticale, avec une charge d'eau de sept lignes sur le centre de l'orifice ; le volume d'eau qui s'écoule dans de telles circonstances est de 14 pintes anciennes de Paris, ou 672 pouces cubes par minute.

Un demi-pouce d'eau est la quantité qui s'écoule par un orifice d'un demi-pouce de diamètre, dont le centre supporte également une pression de sept lignes : d'où il résulte qu'en volume ou en poids le demi-pouce est véritablement le quart du pouce ; car sous la même pression un orifice d'un diamètre moitié donne une dépense qui n'est que le quart.

### Écoulement par de longs tuyaux.

Il résulte d'expériences nombreuses que la vitesse d'écoulement par des tuyaux cylindriques est indépendante de la nature de la substance dont le tuyau est formé ; elle ne dépend que de sa longueur et de son diamètre.

La résistance que l'eau éprouve dans son mouvement est●proportionnelle au carré de sa vitesse, à la longueur du canal, et en raison inverse de son diamètre.

Supposons, par exemple, que l'on veuille comparer la résistance qu'éprouvera l'eau dans deux tuyaux : dans le premier la vitesse étant représentée par 3, la longueur par 10 et le diamètre par 2, dans le second la vitesse étant représentée par 6, la longueur par 20 et le diamètre par 4.

Pour obtenir le chiffre qui exprimera la résistance dans le premier tuyau, il faut :

Multiplier 9 (carré de la vitesse 3) par 10 (longueur du tuyau), et diviser ce produit $9 \times 10$ ou 90 par 2 (le diamètre), ce qui donnera 45 comme expression de la résistance dans ce tuyau.

Pour obtenir le chiffre de la résistance dans le second, il faut :

Multiplier 36 (carré de la vitesse) par 20 (longueur du tuyau), et diviser le produit $36 \times 20$ ou 720 par 4 (le diamètre), ce qui donnera 180 comme expression de la résistance dans ce tuyau.

Ainsi les résistances de l'eau dans les deux tuyaux sont exprimées par 45 pour le premier, et 180 pour le second.

Les contours occasionnent des chocs réitérés qui diminuent considérablement la vitesse; il arrive même souvent que ces chocs dégagent de l'eau l'air qui y était dissous, et que la colonne d'eau étant interrompue, l'écoulement cesse.

#### JETS D'EAU.

Nous avons vu précédemment que lorsqu'un liquide s'écoule d'un vase par un orifice à mince paroi, il a, en sortant, une vitesse équivalente à celle qu'aurait un corps en tombant d'une hauteur égale à celle du niveau du liquide au-dessus de l'orifice. Si donc on a un réservoir (*fig.* 52) dans lequel le niveau du liquide soit AB, et qu'à ce réservoir soit adapté un tuyau terminé par un orifice à mince paroi *o*; le liquide, arrivé au point *o*, aura une vitesse capable de l'élever à la même hauteur que le niveau AB, et l'on aura ainsi un jet d'eau. Le jet ne parvient jamais à cette hauteur; plusieurs causes s'y opposent. Ces causes sont 1° le frottement dans le tuyau de conduite et dans l'ajutage qui le termine; 2° la résistance de l'air; 3° la chute du liquide qui retombe sur celui qui s'élève. On peut cependant augmenter la hauteur du jet, en prenant des orifices d'un très-petit diamètre relativement à celui des tuyaux de conduite, en les perçant dans une paroi très-mince, et enfin en inclinant un peu le jet.

#### BÉLIER HYDRAULIQUE.

Le bélier hydraulique fut imaginé et exécuté par Montgolfier, en 1796, dans sa manufacture de papier, à Voiron, pour élever l'eau d'une rivière à la hauteur de la pile de ses cylindres à la hollandaise. Voici sa construction (*fig.* 53) : l'eau arrive de la source avec une certaine vitesse, et entre par l'ouverture A dans le tuyau AB, qu'on appelle *le corps du bélier*; il s'agit de la faire remonter par le *tuyau d'ascension* GIH; or, l'arrangement qu'indique la figure remplit toutes les conditions pour arriver à ce résultat. En effet, l'eau qui coule dans AB avec une certaine vitesse ressort par l'ouverture C; bientôt la vitesse est capable de soulever le boulet creux *b*, et de le faire sortir de sa muselière pour l'appliquer contre l'ouverture C. Celle-ci est terminée par des rondelles de cuir ou de toile goudronnée, contre lesquelles ce boulet s'applique exactement, de sorte que bientôt l'écoulement par l'orifice C, est arrêté. Mais l'eau ayant une certaine quantité de vitesse, et ne pouvant s'échapper, réagit contre toutes les parties qu'elle mouille, soulève le petit boulet *c*, entre par l'ouverture qu'il couvrait, pénètre dans le réservoir F, et jusque dans le tuyau GIH. Bientôt la vitesse de l'eau est détruite par ces efforts, et les deux boulets retombent, le gros boulet dans sa muselière, et le petit sur l'ouverture du réservoir. L'eau de la source recommence à s'écouler par l'orifice C; le boulet *b* est soulevé de nouveau contre cet orifice, et les mêmes effets se renouvellent à des intervalles à peu près égaux.

En regardant la figure, on voit que de l'air se trouve logé dans l'espace *mn*, et au-dessus du réservoir F. Voici leur utilité : après que les deux boulets ont été soulevés, l'eau s'est introduite dans le réservoir, et a comprimé l'air renfermé dans ce dernier, ainsi que l'air renfermé dans l'espace *mn*. L'air comprimé en *mn* réagit; cette réaction oblige

l'eau à retourner de la tête du bélier vers la
source; ce qui forme un vide vers l'extrémité
du corps du bélier; alors l'atmosphère pèse
sur l'ouverture C et fait tomber le boulet.
L'eau de la source, contenue dans le corps
du bélier ABC, en s'écoulant de nouveau
par cette ouverture, reprend sa vitesse primitive : pendant ce temps, le petit boulet
ayant fermé en retombant l'ouverture du réservoir qui communique avec le tuyau AB,
l'eau continue à s'élever dans le tuyau d'ascension GIH par la force de ressort de l'air
comprimé du réservoir F.

Une portion de l'air renfermé dans l'espace *mn* et dans le réservoir est sans cesse
entraînée par le mouvement de l'eau, de
sorte qu'il faut le renouveler en partie à
chaque révolution du bélier. Une petite soupape *s*, indiquée dans la figure, remplit cet
objet. Le vide qui se forme par la réaction
de l'air contenu dans *mn* à la fin de chaque
révolution forme, comme nous l'avons vu,
un vide dans le corps du bélier; de sorte que
l'atmosphère, pressant la petite soupape *s* de
dehors en dedans, il s'introduit de l'air au-
dessous du réservoir : une portion se loge
dans *mn* et le reste s'introduit dans le réservoir, quand l'eau soulève le petit boulet.

Le bélier hydraulique est une machine très-
avantageuse, elle s'applique aux sources
d'eau les moins abondantes, et sous le rapport de l'économie, il n'y a aucune machine
qui exige moins de dépenses pour le premier
établissement et l'entretien journalier.

Vis d'Archimède. La vis d'Archimède sert à élever l'eau d'un réservoir plus bas dans un autre plus élevé. On peut la construire en creusant sur un cylindre une gorge en spirale, que l'on recouvre de douves sur tout son développement, ou bien en disposant en spirale un tuyau tout autour de ce cylindre; que l'on incline vers l'eau, en le faisant porter sur des tourillons TT, dont l'un sera (*fig.* 54) armé d'une manivelle. L'extrémité opposée de la spirale plonge tout ouverte dans l'eau. Or, si l'on fait tourner le cylindre dans le sens convenable, l'eau entrera par cette extrémité qui, s'élevant par le mouvement de rotation, fait couler le liquide dans les arcs inférieurs de la spirale : c'est une suite non interrompue de petites surfaces inclinées qui s'offrent à l'eau puisée par l'extrémité de la spirale, et qui sort par l'extrémité opposée. Mais comme l'eau ne peut occuper que les arcs inférieurs de cette spirale, les portions d'eau qui s'élèvent en même temps ne peuvent pas être contiguës, et leur sortie est nécessairement marquée par des interruptions.

Cette machine ne peut être employée que pour de très-petites hauteurs, à moins que de lui donner une longueur excessive; ce qui serait un autre inconvénient. La quantité d'eau que la vis d'Archimède peut élever est d'autant plus petite que l'axe du cylindre fait un plus grand angle avec l'horizon; ou en d'autres termes, qu'elle est plus redressée; cet angle peut même être tel, que l'eau ne monterait point dans la spirale.

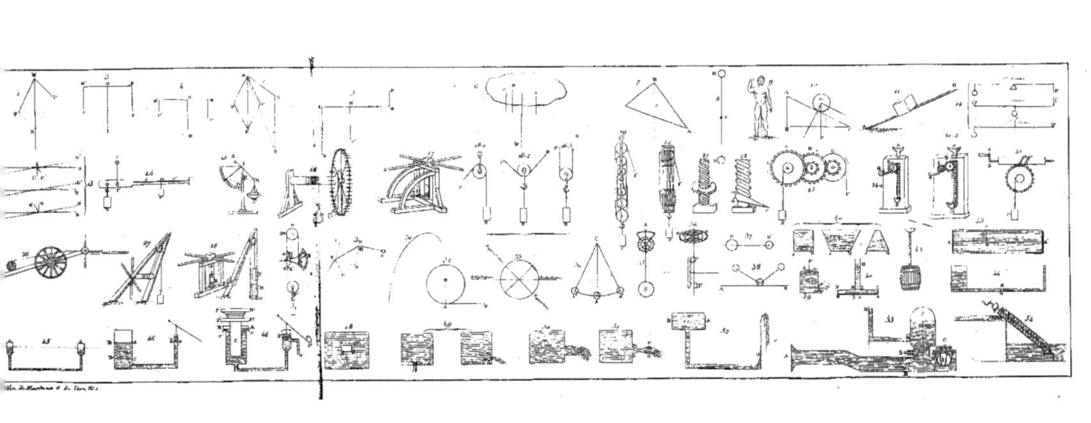

www.ingramcontent.com/pod-product-compliance
Ingram Content Group UK Ltd.
Pitfield, Milton Keynes, MK11 3LW, UK
UKHW020315130726
13696UKWH00003B/1088